畜禽养殖与疾病防治丛书

图说兔病防治

新技术

王彩先 张玉换 主编

U0351275

中国农业科学技术出版社

图书在版编目（CIP）数据

图说兔病防治新技术/王彩先，张玉换主编. —北京：
中国农业科学技术出版社，2012.9
ISBN 978-7-5116-0799-7

Ⅰ.①图… Ⅱ.①王… ②张… Ⅲ.①兔病－防治－图
解 Ⅳ.①S858.291-64

中国版本图书馆CIP数据核字(2012)第006391号

责任编辑　崔改泵　张孝安
责任校对　贾晓红　郭苗苗

出 版 者　中国农业科学技术出版社
　　　　　北京市中关村南大街12号　　　　邮编：100081
电　　话　(010)82109194（编辑室）　　(010)82109704（发行部）
　　　　　(010)82109709（读者服务部）
传　　真　(010)82109708
网　　址　http://www.castp.cn
经 销 者　各地新华书店
印 刷 者　北京富泰印刷有限责任公司
开　　本　787 mm×1 092 mm　1/16
印　　张　10.25
字　　数　157千字
版　　次　2012年9月第1版　2013 年 3 月第 3 次印刷
定　　价　22.00元

前 言

——畜禽养殖与疾病防治丛书

　　近十几年，我国畜禽养殖业迅猛发展，畜禽养殖业已成为我国农业的支柱产业之一。其产值占农业总产值的比例也在逐年攀升，连续 20 年平均年递增 9.9%，产值增长近 5 倍，达到 4 000 亿元，占到农业总产值的 1/3 之多。同时，人们的生活水平不断提高，饮食结构也在不断改善。随着现代畜牧业的发展，畜禽养殖已逐步走上规模化、产业化的道路，业已成为农、牧业从业者增加收入的重要来源之一。但目前在畜禽养殖中还存在良种普及率低、养殖方法不科学、疫病防治相对滞后等问题，这在一定程度上制约了畜牧业的发展。与世界许多发达国家相比，我国的饲养管理、疫病防治水平还存在着一定的差距。存在差距，就意味着我国的整体饲养管理水平和疾病防控水平还需进一步提高。

　　针对目前养殖生产中常见的一些饲养管理和疫病防控问题，中国农业科学技术出版社组织了一批该领域的专家学者，结合当今世界在畜禽养殖方面的技术突破，集中编写了全套 13 册的"畜禽养殖与疾病防治"丛书，其中，养殖技术类 8 册，疫病防控类 5 册，分别为《图说家兔养殖新技术》《图说养猪新技术》《图说肉牛养殖新技术》《图说奶牛养殖新技术》《图说绒山羊养殖新技术》《图说肉羊养殖新技术》《图说肉鸡养殖新技术》《图说蛋鸡养殖新技术》《图说猪病防治新技术》《图说羊病防治新技术》《图说兔病防治新技术》《图说牛病防治新技术》和《图说鸡病防治新技术》，分类翔实地介绍了不同畜禽在饲养管理各方面最新技术的应用，帮助大家把因疾病造成的损失降低到最低限度。

本丛书从现代畜禽养殖实际需要出发，按照各种畜禽生产环节和生产规律逐一编写。参与编撰的人员皆是专业研究部门的专家、学者，有丰富的研究数据和实验依据，这使得本丛书在科学性和可操作性上得到了充分的保障。在图书的编排上本丛书采用图文并茂形式，语言通俗易懂，力求简明操作，极有参阅价值。

本丛书不但可以作为高职高专畜牧兽医专业的教学用书，也适用于专业畜牧饲养、畜牧繁殖、兽医等职业培训，也可作为养殖业主、基层兽医工作者的参考及自学用书。

编　者

2012 年 9 月

CONTENTS 目录

图说兔病防治新技术

第一章　兔病的发生与传播

动物由于各种原因导致机体组织、器官甚至整个机体的损害或代谢紊乱，并有一定的临诊症状表现，称其为动物发病或患病。由此可见，动物发生疾病需要有动物（容易感染某种传染性疾病的动物，我们称其为这种疾病的易感动物）和致病因素（对传染病和寄生虫病又称病原，能够散播病原的动物称为传染源），而传染病在动物个体或群体间具有传染性，完成这种过程则需要有感染途径（如创口感染、呼吸道感染等）和一定的传播媒介（也称传播途径，如风媒传播、虫媒传播等）或经接触（直接接触和间接接触）传播。

第一节　兔病的发生

一、兔病的发生原因

导致机体发病的原因很多，如物理性、化学性、机械性、生物性等因素以及营养失调、怀孕和分娩、幼小和衰老的抵抗力降低、先天性发育不良等因素，除此之外，还有如遗传、变异和免疫等因素。

二、兔病的分类

一般根据病因进行划分（但不是绝对的，如由于钝性打击引起外伤和内出血，既是外科病也是内科病的范畴，产科病主要指的是生殖器官的疾病，而营养代谢病和中毒病也可列入内科病等），可分为几大类，如内科病、外科病、产科病、营养代谢病、中毒病、细菌病、病毒病、遗传病、免疫力低下病等。

兔病的种类很多，但据目前对兔病研究的资料显示，除遗传病、变异病、免疫性疾病等的研究较少，对其他常见的病可根据致病因素分为两大类，一是由非生物因素引起的疾病，这类疾病没有传染性，如内科病、外科病、产科病、中毒病等。二是由生物因素引起的疾病，这类疾病都具有传染性和侵袭性，如细菌病、病毒病、寄生虫病等。

三、非生物因素引起的疾病

非生物因素引起的疾病主要包括内科病、外科病、产科病、营养代谢性疾病及中毒性疾病等，一般被统称为普通病，这些疾病均不具传染性，但一些营养代谢性疾病和中毒性疾病常有群发的特点，注意这一点有助于疾病的诊断。

1. 内科病

主要是由于长期的饲养和管理不当造成的。如饲料易发酵、膨胀，饲料干硬、不易消化又缺乏饮水等造成胃积食、膨胀、脱水、便秘等；过多饲喂含露水的豆科植物和冰冻饲料造成的腹痛、腹泻；饲料中有异物造成损伤或堵塞，饲料霉变引起的中毒；幼兔抵抗力差、管理不善而发病；兔舍阴暗、潮湿、不透光、通风性差、防寒保暖措施不到位或闷热潮湿、或运动场缺乏遮阳设备等；长途运输时闷热潮湿、缺水、缺氧或风寒袭击所致的感冒、肺炎、热射病等；追赶时引起其剧烈运动造成的伤害等。此外，还包括自身的先天性和后天性的器质性的和机能性的疾病导致的机体新陈代谢障碍等。

2. 营养代谢性疾病

一般放入内科病，主要是饲喂量不足或饲料营养物质缺乏或不平衡即缺乏或过多而引起家兔的营养失衡，造成家兔的营养不良或过剩，生产性能和抗病力下降，甚至危及生命的一类疾病，如常见的维生素 A、维生素 B、维生素 E 缺乏症，钙磷缺乏症，以及妊娠毒血症等。需要说明的是一般习惯上把维生素过多引起的病叫维生素过多症，不称为中毒，而微量元素过多引起的病则称之为中毒，这也看出非生物因素疾病的划分也是相对的。

3. 中毒性疾病

一般包括采食有毒植物、霉变饲料，或误食农药、灭鼠药、重金属或其污染的饲料和饮水，或因矿物质、治疗用药的量过大或使用方法不当引起的中毒等疾病。其治疗一方面是解毒，另一方面是采取内科疗法进行调理，因此，这类疾病也常列于内科病。常见的有亚硝酸盐中毒、氢氰酸中毒、有机磷农药中毒、灭鼠药中毒、霉变饲料中毒等。

4．外科病

一般地讲是指由于如烫伤、骨折、皮肤肌肉撕裂伤、异物引起的结膜炎等疾病，它不同于外科学或外科手术，后者指的是施行外科消毒、手术、用药的疾病的治疗技术，如细菌感染引起的脓疮的处理、肠梗阻和难产的外科手术和用药治疗等。

5．产科病

一般讲的是与生殖相关的器官的器质性和机能性疾病，如不孕、流产、难产等，还包括细菌引起的子宫内膜炎、化脓性乳房炎、卵巢炎等疾病。由此可见，用生物与非生物性因素进行疾病的划分也是相对的。

四、生物性因素引起的疾病

指由致病性生物引起的疾病，包括由病毒、细菌、支原体、真菌等微生物引起的各种传染病和由各种寄生虫引起的寄生虫病。

传染病是指由于致病性微生物通过消化道、呼吸道、皮肤或黏膜及其损伤、生殖器官或胎盘等途径侵入兔体，具有一定的潜伏期和临诊表现，并可以在个体及群体间传播的一类疾病。其特点就是有传染性，而且传播快、发病率和死亡率都高。由病毒引起的疾病，如兔病毒性出血病（兔瘟）、传染性水疱性口炎、仔兔轮状病毒病等；由细菌引起的传染病，如兔巴氏杆菌病、葡萄球菌病、沙门氏菌病、大肠杆菌病、魏氏梭菌病、结核病、链球菌病等。

寄生虫病是指由于各种寄生虫侵袭兔体内或体表，不断汲取机体营养、分泌毒素，造成机体或其器官组织的代谢障碍和损伤，表现出一定的临床症状，并可使家兔发育不良、贫血、消瘦以致死亡的一类疾病。如兔球虫病、兔螨病等。寄生虫病也具有一定的传染性。

疾病的发生有一定的病因，而在实践中病因往往不是单一的，有的一开始就有多种因素，有的是随着病情的不断发展，机体抵抗力不断降低，又伴发或继发多种疾病。所以，根据病因对疾病的简单分类是相对的，但为了利于疾病的诊断、治疗、技术交流，这就要求在疾病诊断和治疗时，不可片面，要综合考虑，认真排查病因，确定病因，并根据病因、病情采取适当有效的治疗措施进行治疗，以取得良好的治疗效果。非生物性因素引起的疾病不具传染性，但应注意中毒病和营养代谢病一般具有群发性特点，而生物性因素引起的疾病具有传染性。

第二节　兔病的传播

传染病和寄生虫病的发生需要有易感动物、传染源、传播媒介和感染途径，缺一不可。

一、易感动物

易感动物是指对某种传染病或寄生虫病缺乏抵抗力的兔群。

二、传染源

传染源是指被病原微生物如病毒、细菌、寄生虫等感染的兔，包括带毒或带虫兔、病兔、其他被感染的动物，以及被排泄物污染的环境和器具。

三、传染途径

传染途径包括感染途径和传播媒介。

感染途径：是指病原侵入其他健康兔和别的易感动物所经过的途径，如消化道、呼吸道、皮肤、黏膜及其损伤处等（图1-1）。

图 1-1　兔病主要传播途径

传播媒介：是指病原微生物或寄生虫（幼虫、虫卵、卵囊等）由传染源排出体外后，传播给动物或传播到动物的生活区域的途径，其需要一定的媒介如空气、水、饲草、饲料、粪便、土壤、饲养管理用具、昆虫及其他动物和人等（图1-2）。

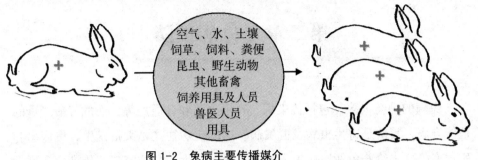

空气、水、土壤
饲草、饲料、粪便
昆虫、野生动物
其他畜禽
饲养用具及人员
兽医人员
用具

图1-2　兔病主要传播媒介

　　一旦有易感动物、传染源和一定的传染途径，易感动物就会发病。但传染病的发生还取决于病原微生物的来源、数量、毒力以及动物的种类、体况、易感性等，从而表现不同的临诊症状，如病原少、毒力小，而动物抵抗力强，动物可能只表现轻微的临诊症状或不表现症状，而病原量大、毒力强、动物抵抗力又弱时就会表现明显的临诊症状，也会由一个动物传染给另一个动物，甚至使动物群体发病或传播给另一易感动物群体，造成传染病的流行。由此可知，及时采取有效措施切断其中任何一个环节，兔病的流行就不会发生。因此，必须加强饲养管理和防疫措施，以提高动物的抵抗力、消灭传染源和切断传播途径，有效控制传染病的发生。

第二章　兔病预防

　　兔病的种类很多，包括传染病、寄生虫病和普通病等，而危害最严重的是传染病，其次是寄生虫病及群发病。这些疾病往往是大批发生，发病率和死亡率很高，给养兔业造成很大的经济损失。为了预防家兔的传染病和群发病，任何一个养兔场，都应加强平常的预防工作。采取综合性的防治措施，从各方面防止疾病的发生，以保障兔群的发展。综合性的防治措施包括预防措施和扑灭措施 2 种。以预防传染病发生为目的而采取的措施为预防措施；以扑灭已经发生的传染病而采取的措施为扑灭措施。

　　预防措施包括：坚持自繁自养的原则，加强检疫工作，查明、控制和消灭传染源；消毒、杀虫灭鼠，以切断传染途径；提高家兔对疾病的抵抗力，科学的饲养管理。

　　扑灭措施包括：迅速报告疫情，尽快作出确切诊断；消毒、隔离与封锁疫区；治疗兔病和严密处理尸体。

第一节　坚持自繁自养

一、兔舍建筑，科学标准

　　兔场的选择和建筑要求：一般要求兔场要建在地势高燥，背风向阳，水源充足，面积宽阔，地下水位低，排水流畅、不易积水、地面平坦、沙质土壤的地方。同时，应在离公路、铁路、河道、村镇、工厂、学校 500 米以外处，兔场内不应建有其他畜舍，兔场要设有围墙，防止狗、猫及禽类等动物进入。办公区、生活区、仓库等与生产区要分开；怀孕母兔、哺乳母兔、青年母兔与种公兔应分开饲养。生产区与兔舍入口处设消毒池并经常保持有效的消毒药液。入口处可放置浸有消毒液的麻袋片或草垫，消毒液可用 5% 生石灰水或 10% 克辽林溶液，或 3% 来苏尔溶液。外人不准随意进入，入场时要经过严格消毒，才能进入。粪便与污染物的发酵池应设在围墙外。

二、引进种兔，严格检疫把关

在引种时首先严禁到疫区或发病场引进种兔，请兽医协助检疫，对购入的新兔应隔离观察一段时间（40～60天），确实无病才能混群。

三、自行繁育，提高效益

兔场或专业户要选择健康的优种公兔和母兔，自行繁殖仔兔，防止因引进兔源而带入兔病，造成疫病的传播。自行繁殖时，要注意防止近亲繁殖。也可利用杂交一代的杂种优势，提高种兔质量、抗病力、繁殖率和仔兔的成活率，以降低养兔的成本，提高经济效益。

第二节　科学饲养管理

科学的饲养管理是搞好兔场防疫工作的重要措施，能从根本上增强兔群的抗病免疫能力，减少疾病的发生。

一、严格要求，适时分群

为了方便管理和满足各种家兔的营养需要，应适时分群饲养。体重在1.5千克以下的幼兔，可合群饲养；体重在1.5千克以上的兔，为防止殴斗造成咬伤，应分群饲养；公母兔要分开，以免造成过早配种。就是说应按兔的年龄、性别、体重分群。笼养兔时，刚断乳兔以群养为宜，每笼放6～8只；成年兔，尤其是公兔应单笼饲养。兔夜间活动强，白天大多静伏笼内，要根据此规律，夜间要饲喂粗饲料1次，早晨可少喂，傍晚要多喂。笼养兔每周应放出活动2次，以加强运动，增强体质。

二、稳定配方，定时定量

家兔是食草动物，应以青、粗饲料为主，精料为辅。家兔的配合饲料有颗粒饲料和混合饲料2种，其配方科学，营养成分合理，符合饲养要求。在改变饲料时要逐步过渡，先更换1/3，间隔2～3天再更换1/3，1周左右全部更换，使兔的采食习惯和消化机能逐渐适应变换的饲料。如果突然改变饲料，易引起兔的食欲减退或伤食，出现消化不良。喂饲要定时定量，每天固定饲喂时间，使家兔养成定时采食和排泄的习惯。同时，要根据家兔的年龄、体重、个体差异、季节特点及对饲料的需要，定出每兔每天的喂量，分次喂给。这样既可增强家兔的食欲，又可提高饲料的利用率。公兔应单独笼养。兔白天除采食外多静伏于笼内，夜间却十分活跃，采食频繁。因此，要根据兔的年龄、体重、个体差异、季节特点、营养需要及生活规律喂食，早晨喂日粮（精料和草）的1/3或1/4，傍晚喂日粮的2/3或3/4，夜间喂1次粗饲料。制定好的饲喂方案后要持之以恒的坚持执行，且不可忽多忽少。夏天要喂饮1%～2%的食盐水，冬天严禁喂冰冷的饮水或冰冻饲料。笼养兔每周要放出活动1～2次，加强运动，有利于促进家兔的生长和保持健康。

三、加强管理，促进生长

家兔性情温顺，胆小怕惊，对外界环境条件有一定要求。兔舍周围不要有噪音，不要燃放鞭炮，饲养人员在兔舍内动作要轻，不要大声喧哗、敲击物体等，以免家兔受惊，神情紧张，引起食欲减退、孕兔发生流产。兔舍要清洁舒适，通风良好，阳光充足，冬天要保温防寒，夏天要降温防暑，雨季要防潮，保证兔舍干燥卫生。养兔适宜温度为15～25℃，连续的高温（32℃以上）和低温（15℃以下）时，会影响兔的繁殖。气温太高时，如果通风不好，易引起中暑（夏季为每千克体重每小时3～4立方米、冬季为每千克体重每小时1～2立方米）。光照时间对兔的繁殖有一定影响，如每日光照少于8小时，母兔停止发情，超过16小时，引起母兔异常发情，公兔精液量减少，适宜光照时间为每天12～14小时。

不同年龄的家兔，其营养和管理要求也不相同。对出生后3周龄内的仔兔，以母乳为主，要注意母兔的泌乳量，产箱要冬暖夏凉、清洁、干燥、卫生，仔兔开始吃料时，要给易消化、适口性好的饲料，喂以清洁饮水，防止仔兔采食过量造成消化不良。定期消毒；对3周龄以上、3个月龄以下的幼兔，要保证其采食量大、生长发育快的特点，但对幼兔喜吃的青饲料要逐渐增加，按体质强弱分群饲养；成年兔要公母分笼饲养。怀孕的母兔要保证足够的营养，以保证胎儿及母体的营养需要。怀孕后期不要有应激因素的发生，产前兔笼、产箱要彻底消毒，并给洁净饮水和易消化的青饲料。种公兔要1兔1笼，防止咬斗，经常检查体质状况，发现病情应禁止配种，以免造成疾病传播。

四、分段饲养，科学管理

家兔在一生的不同时期和阶段，其营养需要和管理要求不尽相同。因此，不同时期的家兔应采取不同的饲养管理方法。

1. 仔兔

兔出生后的前3周称仔兔，此时以母乳为主，所以要特别注意母兔泌乳的质量与数量，否则会引起仔兔营养不足，影响生长发育。产箱要冬暖夏凉、清洁、干燥、卫生，箱壁要光滑，以免造成母兔、仔兔外伤。垫料宜短、柔软。经常注意检查母兔乳房，以防仔兔食入患有乳房炎的乳汁而发病。15日龄仔兔进入开眼期，并开始吃料。此时应单独给仔兔喂易消化、适口性好的饲料，并补充清洁的饮水，严防采食过量引起消化不良。同时要每天清除笼具中的粪尿，保持清洁干燥，定期消毒，防止发生球虫病等。

仔兔进入断奶期后，由以吃奶为主过渡到以饲料为主，这个时期是影响仔兔成活率的关键。因此，除加强管理、注意卫生外，应喂给营养丰富易消化的饲料，并逐步达到正常的日粮标准。

2. 幼兔

3周龄以上、3月龄以下为幼兔，此期发育快，采食量大，机体代谢旺盛，需要喂给富含蛋白质又易消化的饲料，严禁喂给腐败变质的饲料。对于幼兔喜爱吃的幼嫩青草，一定要限量喂给，逐渐增加。并根据幼兔的日龄和体质强弱分群饲养，注意夏季的通风降温，冬季的保暖防寒，雨季的防潮，以及兔舍、兔笼与用具的清洁卫生。

3. 青年兔

3～6月龄的兔为青年兔，此时公、母兔应分开饲养，防止早配。公兔单笼饲养，以防相互殴斗咬伤。青年兔代谢旺盛，采食量大，应喂给优质青干草与青绿多汁饲料，并及时补充蛋白质饲料。

4. 怀孕母兔

要保证孕兔足够的营养，严禁喂给质量不佳的饲料。在怀孕中后期不要捕捉、拔毛，避免各种异常响声和惊扰刺激。有沙门氏菌病流行的兔场，在怀孕初期应接种沙门氏杆菌灭活菌苗进行预防，产前要彻底消毒兔笼、产箱。

产后及时除去污物与粪尿，喂给清洁饮水及鲜嫩易消化的青绿饲料。产后 2～3 日内应减少精料喂量，以防因幼兔吃奶量少而导致乳房炎的发生。

5. 哺乳母兔

母兔的哺乳期一般为 28～42 日，此期除保持兔舍、兔笼清洁干燥，环境安静，饲料清洁、新鲜、多样化、易消化及适口性强外，还应根据母兔产后天数、食欲、哺乳仔兔数及乳汁的质与量，决定喂饲量。泌乳量高的母兔要防止乳汁蓄积而导致乳房炎。泌乳量少的母兔要防止仔兔咬破乳头而引起感染性乳房炎。

6. 种公兔

种公兔要单独饲养，做到 1 兔 1 笼，以防互相咬斗。公兔笼与母兔笼要保持较远的距离，以免异性气味的刺激，造成公兔不安，消耗精力，影响性欲。兔笼底板要光滑，经常消毒，保持清洁，防止发生生殖器官疾病。种公兔在春季换毛季节，有的因其体质较差，最好停止配种。配种前必须检查公、母兔外生殖器，以防因配种而受到感染。成年公兔每日可以交配 1～2 次，连续 2 日，休息 1 日。配种要按计划进行，防止兔群品质退化。

五、不同季节的饲养管理

春季气候多变，又是配种季节和长毛兔剪毛期，故除注意幼兔和剪毛兔保暖防寒外，尤其要防止生殖器官疾病的发生。春季鲜嫩青草多，要防止家兔过食导致腹泻，因此，必须由少到多逐步增加鲜青草的饲喂量。应适时进行预防接种，防止传染病的发生与流行。夏季气温高，防止兔中暑，多给清水和青草，饲料注意防霉，加强幼兔球虫病的药物预防。雨季要保持兔舍地面与兔笼的清洁干燥，做好卫生防疫工作，定期消毒，严防蚊子、苍蝇的叮咬。秋季也是配种的繁忙季节，配种前要认真进行临床检查，进行预防接种，防止发生生殖器官疾病和其他传染病。冬季要注意保暖防寒，温度相对恒定，饮用温水，注意防止鼠类及其他兽害。

六、培养健康兔群

在养兔生产中，要创造条件，建立健康兔群，作为繁殖兔的核心群。对核心兔群的公、母兔，从幼兔开始，要经常定期检疫和驱虫，淘汰病兔与带菌（病毒）的兔，使其相对保持无病和无寄生虫侵害的状态。加强兽医卫生防疫工作，严格控制各种疫病传染源的侵入，保持兔群的安全与健康。培育健康兔群常用的方法有人工哺乳法与保姆兔育成法，其使用的饲料、饮水及铺垫物等均需消毒，防止污染。

第三节　建立严格的防疫消毒制度

兔病的防疫应建立在自繁自养的基础上，兔场或专业户要选养健康的良种公兔与母兔，自行繁殖仔兔，防止引进兔时带入兔病，造成疫病的传播。在必须引进兔时，只能从非疫区购入，经兽医检疫合格无病，入场后隔离观察 1 个月以上，并经驱虫、预防接种、消毒后，确认健康时，方可混群饲养。购买饲料和用具也要从安全地区购买，防止带入传染病源，造成疫病的发生与流行。

一、建立制度，严格执行

除兔场选址建设要科学合理外，每个兔场要根据当地实际情况，制定严格的防疫消毒制度。兔场工作人员和饲养员进入生产区时，要换工作服和鞋，经消毒室进入。外来人员谢绝参观，必须进入时，应换工作服和鞋后，经彻底消毒再进入。外场的车辆、用具不准进场。出售家兔时应在场外进行。已调出场的家兔，严禁送回兔场。严防畜禽和野兔进入兔场，出入口设有消毒防护措施。兔场用具及饲养人员要固定，不准乱拿乱用和乱串兔舍。饲养人员要注意卫生，兔舍、兔笼、地面及用具应保持清洁干燥，每天清除粪便和污物 1~2 次，排放于兔舍外，并进行焚烧、掩埋、发酵或化学药物消毒处理。

老鼠、蚊、蝇等是病原微生物的携带者和宿主，能传播多种传染病和寄生虫病，要经常进行灭鼠杀虫。由于兔场中的饲料为鼠类提供食物，场内的温度条件又适于鼠类的生长繁殖，如果失于防范，鼠害将十分严重。兔场应采取综合措施灭鼠。在设计兔舍时，应考虑防鼠措施，舍内用水泥地面，通风口及窗口用铁网钉好，防止鼠进入。场内的饲料要保存在无鼠的仓库内。如果场内有鼠要采取措施灭鼠，如利用器械来夹、压、关、粘老鼠，也可用猫来捕杀。还可以用鼠药灭鼠，但在投放毒饵时，要防止兔中毒。要经常清理兔舍周围的杂物、垃圾及乱草堆等，填平死水坑，防止蚊、蝇孳生。在蚊蝇繁殖季节应选用无公害杀虫药杀灭蚊蝇。

二、坚持消毒制度，切断传染途径

消毒是综合性预防措施中的重要环节。消毒可消灭散布在外界环境中的病原体，中断传染病的发生。养兔场要建立严格的消毒制度，兔舍、场地及环境每天都要清扫，兔笼及用具等要清洗干净，每季度进行1次大清扫、大消毒，每月进行重点消毒1次，兔舍及用具每周进行1次消毒。在进行消毒时，要根据病原的特性、被消毒的物体性能，合理选择消毒药物和消毒方法。

1. 建立和执行严格的消毒制度

（1）场区及兔舍出入口的消毒：出入口的消毒池（图2-1）内常用2%～4%的火碱（氢氧化钠）溶液，可用麻袋片或木锯末填充池内，对来往运输工具进行消毒，但要注意本品对金属制品有腐蚀性，对动物和人的皮肤黏膜有损害，使用时要多加小心。场外的车辆、用具不准进场，出售家兔在场外进行。消毒室内应设有紫外线灯管，出入场区或兔舍时，在紫外线灯光下照射8～10分钟，以消灭入场人员身体携带的微生物。

图2-1　大门消毒池

（2）运动场的地面消毒：预防性消毒时，可将表层土铲去3厘米左右，用10%～20%新生石灰水或5%漂白粉溶液喷洒地面，然后垫上一层新土夯实。紧急消毒时，要在地面上充分洒上对病原体有强烈作用的消毒剂，过2～3小时后，铲去表土10厘米以上，并洒上生石灰水或漂白粉溶液，然后垫上一层新土夯实，并喷洒消毒药，经5~7天，可以重新放入家兔。

（3）兔舍及用具的消毒：对空栏兔舍可采取熏蒸消毒法，具体做法是：首先将兔舍、兔笼、用具清扫洗刷干净，用一般消毒药喷洒消毒，然后封闭通风口及窗门，算出兔舍内容积（长、宽、高的乘积），按每立方米容积甲醛25毫升、高锰酸钾12.5克，先将甲醛放入铁制容器内（按容积大小分别装入多容器内），然后加入高锰酸钾（按2：1），封闭门。熏蒸36~48小时后，打开门窗通风，停留1天后，即可放入家兔。对带病的兔舍消毒，应选用无毒无害而又能消灭病原微生物的消毒药，如碘制剂（速效碘、碘王）、过氧乙酸、威岛消毒剂、百毒杀、消毒净等（图2-2）。按不同用途、不同浓度，每周消毒1次。对水槽、食槽等小物品也可用浸泡和开水煮沸消毒。应用化学消毒药时，最好选用2~3种药液交替使用，以免长期使用一种消毒药，病原体产生耐药性。

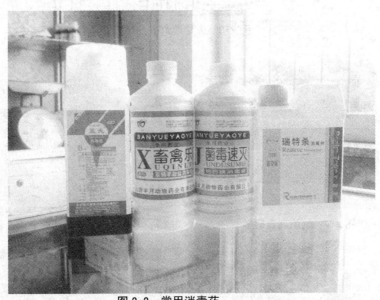

图2-2 常用消毒药

2. 养兔场常用的消毒方法

兔场常用的消毒方法有物理消毒法和化学消毒法2种。

（1）物理消毒法：主要指应用机械、热、光、电、声和放射能等物理方法杀灭病原或使其失去感染性。

第一，机械消毒法　包括清扫、洗刷、通风和滤过等方法，用以清除病原体和排泄物、分泌物等污染物。

第二，热消毒法　是通过各种高热使病原体变性、凝固，达到灭活目的的一种消毒法。火焰喷灯主要用于金属兔笼（图2-3）、地面及墙壁消毒。火焰消毒器械、煮沸消毒、高压锅消毒等见图2-4至图2-7。

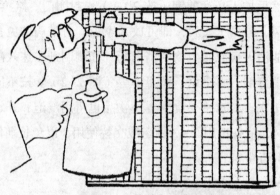

图2-3　火焰喷灯消毒兔笼

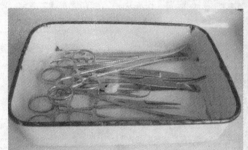

图2-4　火焰消毒器械

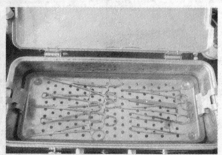

图2-5　手术器械煮沸消毒

图2-6　高压消毒锅

图2-7　高压消毒器械

第三，光消毒法　利用阳光和紫外光进行的消毒。紫外线灯管可安装在兔舍入口处，通道、走廊及化验室等处，人员进出兔舍时，春季、夏季、秋季停留 5 分钟，冬季停留 8 分钟，可杀灭92%～99% 的微生物（图2-8）。

（2）化学消毒法：采用各种化学药物杀灭病原体的一种方法。现将常用的消毒药物介绍如下：

第一，熏蒸消毒法　用福尔马林和高锰酸钾溶液进行消毒。一般用含 37%～40% 的甲醛（福尔马林）溶液。常用其 2%～4% 水溶液浸泡器械，消毒兔舍、兔笼、地面、墙壁、饲槽及用具等。熏蒸消毒兔舍时，每立方米空间用福尔马林（含40%甲醛）25 毫升，再放入高锰酸钾 25 克，在密闭条件下消毒 24 小时，然后打开门窗通风透气，停留 1 天后再放入家兔（图2-9）。

图2-8　紫外线灯消毒

第二，浸泡消毒法　利用消毒药水将食槽水槽、饲喂用具及器械等浸入消毒药水中进行一定时间的浸泡消毒（图2-10）。

图 2-9　熏蒸消毒

第三，喷洒消毒法　用喷洒的方式将消毒液喷洒在所要消毒的兔舍地面、墙壁及用具上。常用的药物有：3%来苏尔浓度的水溶液可用于兔舍、地面、墙壁、污染物及运动场地的消毒；0.3%～1% 的复合酚类（农福、农禾、菌毒敌、毒菌净等）

图 2-10　消毒药液浸泡消毒

水溶液可用于兔舍、兔笼、用具、运动场地、运输车辆及兔的排泄物、分泌物的消毒；2%～4%氢氧化钠（苛性钠、烧碱）热溶液可用于兔舍、水泥地面、木制器具、陶瓷用具、养兔场入口处及运输工具的消毒。本品对金属制品有腐蚀性，对动物及人的皮肤和黏膜有损害，使用时要多加小心；10%～20%浓度生石灰，用于地面、墙壁、围栏、粪池及污水沟的消毒；30%草木灰水溶液（草木灰水溶液的配制方主法：草木灰20千克加水100升煮沸，过滤后即成）常用于洗刷兔舍的地面、墙壁及饲养管理用具等；10%～20%漂白粉乳剂常用于兔舍、地面、墙壁、运输工具、排泄物及分泌物的消毒；3%的澄清液可用于食槽、饮水器及其他非金属用品的消毒；过氧乙酸（国产过氧乙酸制品分甲液与乙液，配制时取甲液2份和乙液3份混合过夜，再配成1∶20的浓度或严格按照说明书使用），常用于兔舍喷雾消毒及室内空气消毒，也可用于地面、墙壁、通道、食槽、饮水槽、兔笼及用具的消毒。耐酸的塑料制品、玻璃、搪瓷、橡胶制品及其用具等可用此液浸泡消毒。

第四，喷雾消毒法　常用的有带兔喷雾消毒（图2-11）和不带兔喷雾消毒两种。0.15%新洁尔灭溶液可用于兔舍喷雾消毒；0.05%洗必泰水溶液用于兔舍（图2-12）、场地（图2-13）、仓库及工作室的喷雾消毒。

图2-11　带兔消毒

图2-12　兔舍地面消毒

图2-13　兔舍粪便消毒

兔场发生传染病时，病兔的分泌物、排泄物和被病兔尿、血液污染的土壤、场地、兔舍、兔笼、用具和饲管人员的衣服、鞋、帽等都要进行彻底消毒。兔舍、兔笼、用具及环境每 3 日消毒 1 次，当传染病扑灭后或解除封锁前，要进行终末消毒，消毒方法同上。

3. 疫病发生后的处理

在发生传染病时，立即仔细检查所有的家兔，以后每隔3天进行一次检查，根据检查结果，把家兔分成单独的兔群，区别对待。

（1）病兔处理：在彻底消毒的情况下，把有明显临床症状的家兔单独隔离在原来的场所。由专人饲养，严加护理和观察、治疗，固定所用的工具，出入人员要严格消毒。如果场内有少数的家兔患病，为迅速扑灭疫病，可以把病兔扑杀。

（2）可疑病兔处理：症状不明显，但与病兔或其污染的环境有过接触的家兔，有可能处在潜伏期，并有排菌排毒的危险，应在消毒后另地看管，限制其活动，注意观察。有条件时可进行预防性治疗，出现症状时则按病兔处理。如果经过 2 周不发病者，可取消限制。

（3）假定健康兔：无任何症状，一切正常，且与前两类兔没有明显接触，应分开饲养，必要时转移场地。

此外，已调出的家兔，严禁再送回兔场。种兔场的种兔不准任意对外配种。决不能把来源不清楚的家兔任意带进兔场。场内不准饲养家禽家畜，如鸡、猪、牛、羊等，严防其他畜禽和野兔进入兔场。兔场要做到固定人员、用具，不准乱拿乱用。

对污染的饲料、垫草、用具、兔舍和粪便等要进行严格消毒；妥善处理尸体；做好杀虫灭鼠工作。在封锁期间，禁止由场内运出和向场内运进家兔、饲料、养兔的用具，禁止场内家兔的迁移，禁止场外人员参观。当传染病扑灭后，经 2 周不再发病时，才可解除封锁。

4. 粪便无害化处理

兔粪的无害化处理一般包括化学、物理和生物 3 种处理方法。

（1）化学处理法：用含 5% 有效氯的漂白粉溶液 20% 石灰乳等喷洒粪便和污物。

（2）物理处理法：目前常用的有烘干和膨化 2 种处理方法。

（3）生物处理法：粪便的生物热消毒法有 3 种。

第一，发酵池法　在距兔场 200 米以外无居民、河流及水井的地方，挖 2 个发酵池（大小根据实际需要而定），池的边缘与池底用砖砌后再抹以水泥，使其不透水。然后将每天清除的粪便及污物等倒入池内，直到快满时，在粪便表面铺一层杂草，上面用一层泥土封好，经过 1~3 个月即可取出作肥料用。

第二，堆粪法　在距兔场 100 米以外的地方设一个堆粪场，在地面挖一个深约 20 厘米、宽约 1 米的沟，长度随粪便多少而定。先将秸秆堆至 25 厘米厚，其上堆放欲消毒的粪便、垫草及污物等，高可达 1 米，然后在粪堆外面再铺上 10 厘米厚的谷草，并覆盖 10 厘米厚的沙子或土，如此堆放 3 周，即可用作肥料。

第三，生物除臭剂法　目前市场上有很多生物除臭剂高科技产品，用这些产品喷在兔粪便上可以达到除臭、发酵作用。

另外，兔舍、兔笼及用具和环境等要定期进行消毒。尽量做到兔舍净、兔笼净、兔体净、用具净、饲料净、饮水净、环境净。

三、防虫灭鼠，改善环境

老鼠、蚊、蝇等是病原微生物的宿主和携带者，能传播多种传染病和寄生虫病。由于养兔场中的饲料为鼠类提供了丰富的食物，场内小气候又适于鼠类生长，一些缝隙和孔穴为其躲藏、居住和活动提供了方便条件，加之鼠类繁殖快，因而一些鼠害失于防范的养兔场，往往鼠类数量很大，危害十分严重。养兔场必须注意采取综合性措施灭鼠，常用的灭鼠方法有 3 种。

1. 物理灭鼠

利用器械来夹、压、关、粘老鼠，或用堵、挖、灌、熏等方法来破坏鼠洞，扑灭鼠类。

2. 生态灭鼠

利用鼠类天敌如猫等来捕杀，也可破坏和改变鼠类的适宜生活条件和环境（如存放好粮食、饲料，门窗不留空隙，排水沟出口安装铁丝网等），使其断粮，无处藏身，促其死亡。

3．化学灭鼠

即有计划地投放毒饵，在一个地区内统一时间，围杀鼠类。投饵方法可将毒饵盒沿兔场周围鼠出没通道设置，长期投放对杜绝鼠害效果很好。灭鼠药要定期更换，以防拒食和产生耐药性。放置毒饵时，应注意防止家兔误食中毒。但要注意选用的灭鼠药要使用国家规定的毒性较小的药物。

在设计和建设兔场时，就应考虑防鼠措施，防止鼠类进入兔场。日常管理工作中要把防鼠灭鼠、消灭虫害列入兽医卫生防疫计划，制定措施。平常要结合开展卫生运动搞好兔场的环境卫生，及时清除兔舍周围的杂物、垃圾及乱草堆等，填平死水坑，防止蚊、蝇等孳生，同时还可选用灭虫药驱杀蚊、蝇等害虫。

四、强化疫情监测，早发现早治疗

疫情监测是养兔业生产一个必不可少的手段，它可以及时发现疫情，及早采取有效的控制和扑灭措施，使兔群减少损失。应做到定期（每周1次）检查、检测和经常性检查、检测相结合。监测检查主要包括2个方面：

1．临床检查

主要包括头部、被毛与皮肤、精神状态，行动、呼吸、睡眠、口鼻腔分泌物、被毛、体格发育与营养状况、四肢及脚部，以及粪便状态等有无异常，兽医与饲养员每天要认真地观察记录。

凡具有以下临床表现之一者，均可视为疾病状态：精神萎靡，情绪不安，背毛粗糙无光泽，并有脱毛现象（非换毛期），机体运动受阻和失调，站立姿势不正，怕惊，常隐藏于笼内一角、耳色发青或紫红、食欲不振或拒食、眼睛暗淡无光、有时呈半闭状态、眼角有眼屎、结膜充血潮红、眼睑垂胀，角膜混浊。鼻干燥或有黏液脓性分泌物，打喷嚏、流涎、甩头、前肢脚爪抓搔两耳和笼底等。在检查过程中发现病兔和有异常表现者立即隔离，观察。

2．实验室确诊

对临床观察发现的可疑病兔进行病理学、微生物学、血清学等检验，确诊。一旦确诊后应及时治疗或淘汰，力争将疫病扑灭在初期阶段。首先要查清传染源与可能发生疫病的途径，并立即进行检疫、隔离治疗，全面消毒，根据确诊的疫病进行紧急预防接种或药物预防，有效地控制疾病的加重和扩散，尽可能在短期内控制与扑灭疫病。

五、发现病兔应采取的紧急措施

（1）发现可疑传染病时，必须及时隔离治疗，尽快确诊，并报告疫情。本养兔场不能确诊时，应将病料送有关部门检验、确诊。

（2）确诊为传染病时，要迅速采取扑灭措施。首先根据传染病的种类，划定疫区和疫点，按照"早、快、严、小"的原则进行封锁，全场进行彻底消毒，对全部兔群进行检疫，病兔和可疑兔隔离治疗，专人管理，对健康兔群进行紧急预防接种，或应用抗生素及磺胺类药物进行预防。

（3）被病兔污染的场地、兔舍、兔笼、产箱及用具等要彻底消毒，死兔、污染物、粪便、垫草及余留饲料应烧毁或深埋。兔群改饮 0.1% 的高锰酸钾溶液消毒。

（4）发病兔场必须停止出售种兔或外调，谢绝参观。待病兔治愈或全部处理完毕，全场经过严格的大消毒后 2 周，再无疫情发生时，最后进行大消毒 1 次，方可解除封锁。

（5）传染病病兔及可疑传染病病兔要坚决淘汰，可以利用者，要在兽医监督下加工处理。兔毛、血水、内脏及污水等要集中深埋，药物消毒，肉要高温处理，严防扩大传染。

第四节　制定合理免疫程序，科学选用疫苗

一、预防接种的意义

养兔场除加强饲养管理，增强家兔的抗病能力，坚持执行严格的防疫制度和消毒制度外，对一些烈性传染病和常发病，还要进行预防接种疫苗和有目的的投放预防药物及定期驱虫。给兔接种疫苗是激发兔体产生特异性抵抗力的防病手段，有目的、有计划地进行预防接种是控制家兔传染病的有效措施。对于某些传染病如兔瘟、兔巴氏杆菌病等，预防接种更起到关键作用。在某些传染病的多发地区或受到邻近兔场某些传染病威胁时应及时接种疫苗。当兔场发生了某种传染病时，对其他假定健康的兔也要紧急接种疫苗，这样可避免疾病流行而造成更大损失。

二、科学制定免疫程序

制定科学合理的免疫程序，严格进行免疫接种，是保证兔群健康，兔场安全的重要保证。因此，每个兔场或养殖户都要依据国家有关规定，并结合本地、本场实际情况制定科学合理的免疫程序（表2-1）。

表2-1　兔免疫程序（推荐）

序号	日龄	疫苗	剂量	免疫途径	备注
1	25～28	大肠杆菌病多价灭活疫苗	1～2毫升	皮下注射	
2	30～35	巴氏、波氏杆菌病二联灭活疫苗	1～2毫升	皮下注射	每兔每年注射两次
3	30～40	兔病毒性出血症（兔瘟）、多杀性巴氏杆菌病二联灭活疫苗	1～2毫升	皮下注射	
4	50～55	魏氏梭菌病灭活疫苗	1～2毫升	皮下注射	每兔每年注射两次
5	60～65	兔病毒性出血症、多杀性巴氏杆菌病二联灭活疫苗	1毫升	皮下注射	
6	75	兔瘟疫苗加强免疫	1～2毫升	皮下注射	

注：1. 繁殖母兔（每年2次定期免疫）
　　第1次　兔病毒性出血症、多杀性巴氏杆菌病二联灭活疫苗2毫升皮下注射
　　　　　　家兔产气荚膜梭菌病（魏氏梭菌病）A型灭活疫苗2毫升皮下注射
　　第2次　兔病毒性出血症、多杀性巴氏杆菌病二联灭活疫苗2毫升皮下注射
　　　　　　家兔产气荚膜梭菌病（魏氏梭菌病）A型灭活疫苗2毫升皮下注射
　　定期免疫时，各种疫苗注射间隔5～7天
　　2. 种公兔（每年2次定期免疫）
　　第1次　兔病毒性出血症、多杀性巴氏杆菌病二联灭活疫苗1毫升皮下注射
　　　　　　家兔产气荚膜梭菌病（魏氏梭菌病）A型灭活疫苗2毫升皮下注射
　　第2次　兔病毒性出血症、多杀性巴氏杆菌病二联灭活疫苗1毫升皮下注射
　　　　　　家兔产气荚膜梭菌病（魏氏梭菌病）A型灭活疫苗2毫升皮下注射
　　定期免疫时，各种疫苗注射间隔5～7天
　　3. 全部中成兔
　　每6个月注射1次伊维菌素，每次每千克体重0.02毫升
　　预防各种寄生虫病，最好定期使用抗球虫药

三、合理选用疫苗，严格免疫接种

1. 疫苗选择及接种

（1）兔瘟（病毒性出血症）疫苗：现有兔瘟组织灭活苗和兔瘟油佐剂灭

活苗两种。兔瘟组织灭活苗，断乳兔和成年兔每只皮下注射 1～2 毫升，1 周左右产生免疫力，免疫期 6 个月，每兔每年注射 2 次。断乳兔首次免疫后 3 周再免疫 1 次。兔瘟油乳剂灭活苗，每兔皮下注射 1 毫升，免疫期 1 年。

（2）兔巴氏杆菌病灭活苗：30 日龄以上家兔，每兔皮下或肌肉注射 1 毫升，间隔 2 周后，再注射 1 毫升，免疫期 6 个月。还可使用兔瘟与巴氏杆菌二联苗，成兔每年 2 次，每次 1～2 毫升。断奶兔首免 3 周后进行 2 次免疫，免疫期半年，成兔每年 2 次免疫。

（3）兔魏氏梭菌疫苗：30 日龄以上的兔，每兔皮下或肌肉注射 1 毫升，2 周后再注射 1 毫升。免疫期为半年，每年注射 2 次。也可用兔瘟与巴氏杆菌和魏氏梭苗三联苗预防接种，每兔皮下注射 1～2 毫升，1 周后产生免疫。免疫期半年，每年注射 2 次。

（4）兔伪结核病疫苗：兔伪结核耶新氏杆菌多价灭活苗，断乳前 1 周的仔兔、幼兔、成年兔，每兔皮下注射 1 毫升，1 周后产生免疫，免疫期半年，每年免疫 2 次。

（5）兔大肠杆菌病疫苗：20～30 日龄的仔兔，肌肉注射 1 毫升，1 周后产生免疫力，免疫期 4 个月。但由于大肠杆菌抗原型较多，如抗原型不对号，免疫效果不好。

（6）兔黏液瘤病疫苗：按使用说明书规定的剂量加生理盐水稀释。断乳日龄以上的家兔，每兔皮下或肌肉注射 1 毫升，4 日后产生免疫力，免疫期为 1 年。

（7）兔波氏杆菌病疫苗（支气管败血波氏杆菌灭活苗）：怀孕母兔在产前 2～3 周，或在配种时；断乳前 1 周的仔兔、幼兔、成年兔，每兔皮下或肌肉注射 1 毫升，7 日后产生免疫力。免疫期为 4～6 个月。每兔每年注射 2 次可控制该病流行。或用兔波氏杆菌与巴氏杆菌二联苗，仔兔断乳前 1 周，怀孕兔妊娠后 1 周，其他幼兔、成年兔于春、秋两季每兔皮下或肌肉注射 1 毫升，7 日产生免疫力。免疫期为半年，每兔每年注射 2 次。

（8）兔痘疫苗：兔群若受到兔癌痘流行威胁时，可用牛痘疫苗作紧急预防接种，使用方法按疫苗说明书。

（9）兔沙门氏菌灭活苗：断乳前 1 周的仔兔，怀孕前或怀孕初期的母兔以及其他幼兔、成年兔，每兔皮下或肌肉注射1毫升，7日后产生免疫力。免疫期为半年，每兔每年注射2次。

（10）兔绿脓假单胞菌病多价灭活苗：每兔皮下或肌肉注射1毫升，7日后产生免疫力。免疫期为半年，每兔每年注射2次。

也可用假单胞菌、巴氏杆菌与波氏杆菌三联苗，仔兔断乳前1周，怀孕兔妊娠后1周及其他家兔，每兔皮下或肌肉注射1.5毫升，7日后产生免疫力。免疫期为半年，每兔每年注射2次（图2-14）。

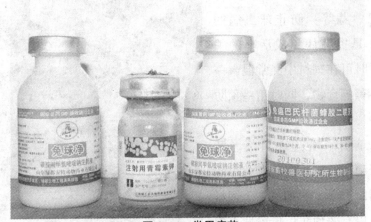

图2-14　常用疫苗

2．注意事项

进行预防接种时，首先要看清疫苗使用说明书或瓶签，按规定方法使用，并做好登记，主要记载接种日期、疫苗或菌苗名称、生产厂家、批号、有效日期、接种剂量、接种方法、接种只数等，以便观察接种效果，分析发生问题的原因。

第五节　定期有计划地进行药物预防

一、药物预防的重要性

兔群除加强饲养管理，及时进行免疫接种外，定期或不定期地给兔群投以药物，也是预防兔传染病的有效措施。尤其在某些疫病流行季节、流行之前或流行初期，应用安全、价廉、有效的药物加入饲料、饮水或添加剂进行群体预防和治疗，可以收到明显的效果。但要注意不能长期使用单一品种药物，以免产生耐药性而影响预防效果。有条件时，可在用药前进行药敏试验，根据药敏试验结果正确选择药物。

二、常用的预防药物

兔常用的预防药物有：磺胺、抗生素类药物、健胃药物、解毒利尿药物、维生素类及其他滋补药物、呋喃类药物、驱虫药物、防腐消毒药物等。

1. 中草药或中草药制剂

葱、蒜等：防止球虫病的感染，是提高仔兔成活率的关键。平时可在饲料中经常混入一些葱、蒜等食物，同时用些预防药物。

大青叶、黄连、黄芩、黄柏、野菊花、穿心莲、大黄等药物（图2-15），长期添加于饲料中，可以有效预防兔传染性水疱口炎等病毒病的发生。

图2-15 常用中草药

2. 抗生素类药物

（1）长效磺胺：母兔每次内服0.5克的长效磺胺片，每日内服2次，连用3日，可预防乳房炎等疾病的发生。

（2）磺胺二甲嘧啶：将磺胺二甲嘧啶按0.4%～0.5%的量混入饲料中内服，每日2次，或以0.2%浓度饮水，连饮3周，可减少沙门氏菌病及大肠杆菌病的发生。

（3）土霉素：用0.2%～0.3%拌料，每日2次内服，可减少波氏杆菌病、巴氏杆菌病及球虫病的发生，并有一定的促生长作用。

3. 驱虫药

一般在春、秋两季进行2次全群驱虫。丙硫咪唑具有高效、低毒、广谱的特点，是较理想的驱虫药物，它可以驱除线虫、绦虫、绦虫蚴及吸虫。虫克星既可驱体内线虫，又可驱体表寄生虫，如螨、虱、蚤等。仔兔最易爆发兔球虫病，死亡率高，应重点预防，以提高仔兔成活率。仔兔从断奶至3月龄止，每日服用抗球虫药物，特别是在高温多雨季节，更应加强兔球虫病的预防（图2-16）。

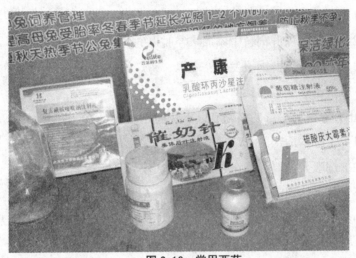

图 2-16　常用西药

驱虫过程中应注意下列几点：①使用驱虫、杀虫药物要求剂量准确；②驱虫后对病兔应加强护理和观察，必要时采用对症治疗，并及时解救出现毒副作用的病兔；③先做小群驱虫试验，取得经验并肯定药效和安全性后，再进行全群驱虫；④驱虫同时要加强粪便的无害化处理，防止病原扩散。

第六节　做好中毒预防和救治

一、中毒的预防

1. 农药中毒的预防

家兔采食了刚喷洒过农药的植物，或饲料源被农药污染，或治疗外寄生虫病时用药不当，均可引起家兔中毒。为防止中毒，应注意以下几点：

（1）严格防止饲料源被农药污染；

（2）严格控制青饲料的来源，已知喷洒过农药的饲料作物或青草，不能立即割喂；

（3）用于治疗外寄生虫病时，要严格遵守使用规则，防止家兔啃咬。

2．饲料中毒的预防

常见的饲料中毒有霉饲料中毒（霉菌中毒）、棉籽饼中毒、马铃薯中毒、有毒植物中毒等。

（1）严禁给兔群饲喂霉败饲料。

（2）严禁在兔群饲料中添加未经脱毒的各种有毒饼类。

（3）严禁给兔群饲喂发芽、变绿、腐烂的马铃薯。

3．有毒植物中毒的预防

防止有毒植物中毒的措施有以下几种。

（1）了解本地区的毒草种类。

（2）饲喂人员要提高识别毒草的能力。

（3）凡不认识或怀疑有毒的植物，一律禁喂。

（4）对于不认识的草类，饲喂时要慎重，先找认识的人辨认无毒后，方可饲喂。

4．灭鼠药中毒的预防

灭鼠药毒性大，家兔误食后可引起出血性胃肠炎或急性致死。故应注意。

（1）在兔舍放置毒饵时，要特别注意，勿使家兔接触误食。

（2）饲料间内严禁布放灭鼠毒饵，以防污染饲料。

二、中毒的救治原则

家兔发生中毒后，在确诊的基础上，应不失时机地进行紧急救治，一般原则如下：

1．促进毒物排出

减少毒物吸收的主要措施有以下几种。

（1）洗胃：有毒物质经口摄入，在食后2～4小时内毒物尚在胃内。洗胃前最好进行镇静或全身麻醉，经口插入导管，用温水反复冲洗，排出胃内食物。在洗胃水中加入适量的活性炭可以提高洗胃效果。

（2）缓泻：中毒发生时间较长，大部分毒物已进入肠道应灌服泻剂。在泻剂中加活性炭，以吸附毒物，效果更好。一般用盐类作为泻剂，常用硫酸钠，内服量为每千克体重1克。

2．应用解毒剂

解毒剂分通用解毒剂、一般解毒剂和特效解毒剂3种。

（1）通用解毒剂：对一般毒物都有一定的解毒作用，在毒性物质未确定之前使用。常用配方是：活性炭或木炭末2份、氧化镁1份、鞣酸1份，混合均匀，内服5~10克。

（2）一般解毒剂：一般解毒剂应用时机是毒物在胃内未被吸收之前。分中和解毒（酸类中毒服碳酸氢钠、石灰水等，碱类中毒内服食用醋等）、沉淀解毒（用于生物碱及重金属盐类中毒）和氧化解毒（使毒物氧化从而解毒）。

（3）特效解毒剂：特效解毒剂只是对某种毒物具有特异的解毒作用。如解磷毒（啶）对有机磷化合物中毒具有解毒作用，对其他毒物没有解毒作用。

3．放血、利尿方法

毒物吸入血液时，可采取放血疗法。如果是在尿中能排出的毒物，可应用利尿剂。

4．维护全身机能，对症处置

主要采用稀释毒物，促进毒物排出，增强肝脏解毒能力，可采取大输液疗法。如果家兔出现心脏衰竭时，可应用强尔心、安钠咖等强心剂；如家兔不安时，可应用溴化钠、安溴注射液等镇静剂；如果出现呼吸功能衰竭时，可应用尼可刹米等呼吸中枢兴奋药。

第一章 兔病预防

第三章 兔病的诊疗技术

第一节 家兔的捕捉和保定

家兔虽然是小动物，性情温和，但它胆小怕惊，行动敏捷，加之被毛光滑，在捕捉、搬运和保定时会挣扎，如果方法不当，不仅会对兔造成不必要的损伤而且还会被兔抓伤或咬伤。

一、正确捉兔方法

疾病的诊断、治疗，母兔的发情鉴定及妊娠检查等，均需先捕捉家兔。有的人提兔的方法是抓住两耳或后肢，这是十分错误的。抓住两耳或后肢会使家兔习惯性挣扎或跳跃，损伤耳、腰、后肢，致使脑缺血或充血。对成年兔直接抓其腰部也不对，这样做的结果会损伤皮下组织或内脏，影响健康，有时会造成孕兔流产。

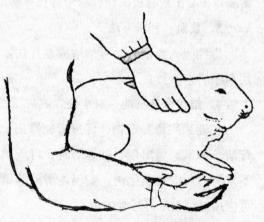

图 3-1 幼兔抓捉方法

正确的方法是，对幼兔，因其个体小，体重轻，可以直接抓其背部皮肤，或围绕胸部大把松松抓起，切不可抓得太紧（图3-1）。

对幼兔悄悄接近，切不可突然接近，先用手抚摸，消除幼兔的恐惧感，静伏后大把连同两耳将颈肩部皮肤一起抓住，这样兔体平衡，不会挣扎（图3-2）。

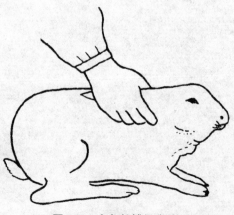

图 3-2 家兔的捕捉方法

对成年兔，方法同幼兔，但由于成年兔体重大，操作者需两手配合。一手捕捉，另一手置于股后托住兔臀部，以支持体重。这样既不会伤害兔，也避免兔抓伤人。

二、兔的徒手搬运

以一手大把抓住两耳和颈肩部皮肤，虎口方向与兔头方向一致，将兔头置于另一手臂与身体之间，上臂与前臂成90°角夹住兔体，手置于兔的股后部，以支持兔的体重。搬运中应遮住兔眼，使兔既无不适感，又表现安定。

三、家兔的保定方法

1. 双手保定方法

一手连同两耳将颈肩部皮肤大把抓起，另一手抓住臀部皮肤和尾即可，并可使腹部向上（图3-3）。

适用于眼、腹、乳房、四肢等疾病的诊治；在口、鼻采样。

2. 器械保定方法

（1）包布保定：用边长1米的正方形或正三角形包布，其中一角缝上两根30~40厘米长的带子，把包布展开，将

图3-3 兔的双手保定法

兔置于包布中心，把包布折起，包裹兔体，露出兔耳及头部，最后用袋子围绕兔体并打结固定。适用于耳静脉注射、经口给药或胃管灌药。

（2）手术台保定：将兔四肢分开，仰卧于手术台上，然后分别固定头和四肢，市场上有定型小型动物手术台出售，适于兔的阉割、乳房疾病治疗及腹部手术等（图3-4）。

（3）保定桶、保定箱保定：保定桶分桶身和前套2个部分，将兔从桶身后部塞入，当兔头在桶身前部缺口处露出时，迅速抓住两耳，随即将前套推进桶身，两者合拢卡住兔颈。保定箱分箱体和箱盖两部分，箱盖上挖有一个

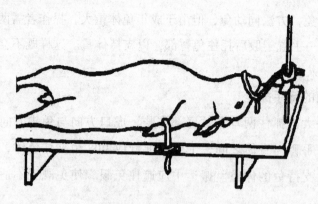

图 3-4　手术台保定法

半圆形缺口，将兔放入箱内，拉出兔头，盖上箱盖，使兔头卡在箱外，适用于治疗头部疾病，耳静脉注射及内服给物等（图3-5）。

图 3-5　家兔的保定桶保定方法

第二节　兔病的临床检查

　　临床症状检查就是通过视诊、触诊、叩诊、听诊、嗅诊等方法对兔病进行详细的客观检查。

一、体况和营养状况检查

　　状态体况和营养是家兔健康好坏及疾病过程的具体表现。健康兔体躯各部均匀，肌肉丰满，骨骼不外露，用手触摸背脊骨，背肉丰厚，不易分辨背骨。患病兔表现为消瘦，皮包骨头，用手触摸脊柱骨凸起似算珠，两旁凹陷时则可能患寄生虫病或慢性疾病，如球虫病、肝片吸虫病、伪结核病、结核病、慢性巴氏杆菌病、慢性波氏杆菌病、腹泻及疥螨病等。同时也可能是日粮营养不平衡或饲管方法不当所致。

体况和营养情况检查主要靠视诊和触诊。

二、姿势和行为学检查

健康家兔走动、站立、躺卧姿势自然而协调，姿势异常则表明患病。若站立时两脚频频交换负重，则可能患疥螨或脚皮炎；歪头可能患巴氏杆菌性中耳炎、兔脑炎原虫病、葡萄球菌病、绿脓杆菌感染、耳螨病、维生素A缺乏症、维生素E缺乏症、李氏杆菌病、链霉素中毒、遗传性疾病等；转圈可能患李氏杆菌病；前肢拖着后肢则表明背部骨折、后肢骨折或产后瘫痪；痉挛可能患有脑膜脑炎、中暑、钙缺乏症、镁缺乏症、维生素A缺乏症、有机磷农药中毒、痢特灵中毒、食盐中毒、急性巴氏杆菌病、脓毒败血型葡萄球菌病、病毒性出血症、李氏杆菌病、球虫病及某些遗传病等；家兔频频舔拭肛门，可能患有栓尾线虫病，整个兔体僵直可能患破伤风。

姿势和行为学检查主要靠视诊。

三、被毛检查

健康家兔被毛平顺浓密，有光泽而富弹性。除了换毛季节，如被毛粗糙蓬乱、稀疏、暗淡无光、污浊，均是营养不良或患病的表现。如腹泻病、寄生虫病、慢性消耗性疾病等。如被毛脱落，并呈灰色麸皮样结痂，可能患毛癣病或疥癣病。家兔颌下、胸部、前爪被毛湿润则可能患溃疡性齿龈炎、齿病、传染性水疱性口炎、发霉饲料中毒、有机磷农药中毒、大肠杆菌病、坏死杆菌病等。

被毛检查主要靠视诊和触诊。

四、皮肤检查

皮肤致密结实而富有弹性是健康兔的表现，检查时应查看皮肤颜色及完整性。并用手触摸身体各部位有无脓肿，光滑与否，鼻端、两耳背及边缘、爪等处被毛脱落，并有麸皮样的结痂物，可能患疥螨病。腹部、背部或其他部位皮肤凸出表现即脓肿,可能患葡萄球菌病。母兔乳头周围皮肤呈暗紫色或有脓肿,可能患乳房炎。如公兔睾丸皮肤有糠麸样皮屑,肛门周围及外生殖器官的皮肤有结痂,可能患梅毒。如阴囊水肿、包皮、尿道等部位出现丘疹,则可疑为兔痘。母兔流产,并从阴道内流出红褐色的分泌物,则疑为李氏杆菌病。口腔、下颌部和胸前部皮肤坏死并有恶臭,可能患坏死杆菌病,另外注意有无外伤。

皮肤检查主要靠视诊和触诊。

五、眼睛检查

健康家兔的眼睛圆而明亮,活泼有神,眼角干净无脓性分泌物。如眼睛呆滞,似张非张,反应迟钝,则为患病或衰老的象征。如眼睛流泪或有黏液、脓性分泌物,精神萎靡,可能患慢性巴氏杆菌病、结膜炎。如果兔子眼睛长得像牛的眼睛那样圆睁而凸出,则为"牛眼"畸形,应淘汰。眼结膜颜色呈潮红、苍白、发绀、黄染等症状,均为患病的表现。如结膜苍白,多为急性肝、脾大出血或严重的消耗性疾病;黄染、肌体消瘦可能患肝片吸血病、球虫病等;结膜发绀,多因热性传染病如巴氏杆菌病所致。

眼睛检查主要靠视诊和触诊(图3-6)。

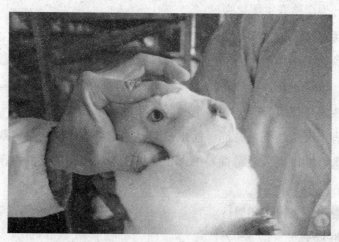

图3-6　眼睛检查

六、耳朵检查

正常情况下兔子的耳朵应直立且转动灵活。如下垂则可能因抓兔方法不当或受外伤、冻伤所致。耳内应清洁，耳尖耳背无结痂，如耳内有结痂则可能患痒螨或中耳炎。健康的白色家兔耳色粉红。用手握住感觉温暖，如耳朵潮红用手握住感觉过热，则怀疑患有发热性疾病。用手握住感觉发凉，耳色青紫，则可能患有重病。

耳朵检查主要靠视诊和触诊。

七、体温检查

一般采取肛门测温法，把兔保定好后，提起尾巴将体温计插入肛门，深度为3.5~5.0厘米，保持5分钟左右，然后观察体温情况。家兔正常体温为38.5~40℃，平均为39.5℃。排除生理因素（如年龄、性别、品种、营养、生产性能、活动、气候条件）的影响后，体温升高或降低均为患病的表现。测体温对早期诊断和群体检查很有意义。

体温检查主要靠体温计和触诊（图3-7）。

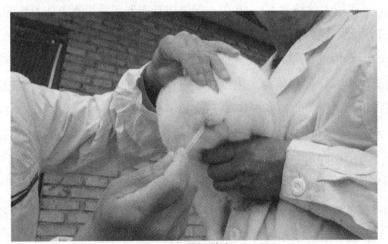

图3-7　体温检查

八、心跳检查

家兔心跳数检查多采用心脏听诊方法，也可直接触摸心脏，计数0.5~1分钟，算出1分钟的脉搏数。健康兔的心跳数为每分钟120~150次。热性病、传染病或疼痛时，脉搏数增加，脉搏迟缓者较为少见。

脉搏检查主要靠听诊和触诊（图3-8）。

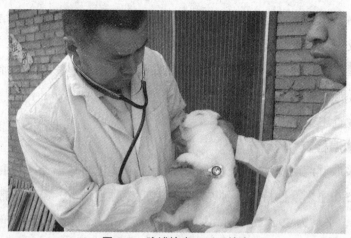
图 3-8 脉搏检查、呼吸检查

九、呼吸检查

主要观察胸壁或肋弓的起伏，计数 0.5～1 分钟。算出 1 分钟的呼吸数。健康兔的呼吸数 1 分钟为 50～80 次。呼吸检查主要包括以下方法与步骤。

（1）呼吸式检查：健康家兔呈胸腹式（混合式）呼吸，即呼吸时，胸壁和腹壁的运动协调，强度一致。出现胸式呼吸时，即胸壁运动比腹壁明显，表明病变在腹部，如腹膜炎。出现腹式呼吸时，即腹肌运动明显，表现病变在胸部，如胸膜炎、肋骨骨折等。

（2）呼吸困难检查：健康家兔在安静状态下，呼吸运动协调、平稳具有节律性。当出现呼吸运动加强，呼吸次数改变和呼吸节律失常时，即为呼吸困难。临床上主要有以下 3 种表现形式。

①吸气性呼吸困难：以吸气用力、吸气时间明显延长为特征，常见于上呼吸道（鼻腔、咽、喉和气管）狭窄的疾病。

②呼气性呼吸困难：以呼气用力、呼气时间显著延长为特征，觉见于慢性肺泡气肿及细支气管炎等。

③混合性呼吸困难：即吸气和呼气均发生困难，而且伴有呼吸次数增加，是临床上最常见的一种呼吸困难。这是由于肺呼吸面积减少，致使血中二氧化碳浓度增高和氧缺乏所引起，见于肺炎、胸腔积液、气胸等。心原性、血原性、中毒性疾病和腹压增高等因素，也可引起混合性呼吸困难。

（3）咳嗽检查：健康兔偶尔咳一两声，借以排除呼吸道内的分泌物和异物，是一种保护性反应。如出现频繁或连续性的咳嗽，则是一种病态。病变多在上呼吸道，如喉炎、气管炎等。

（4）鼻液检查：健康家兔鼻孔清洁、干燥。当发现鼻孔不洁，鼻孔周围有泥土或异物黏着，有鼻液流出或者打喷嚏，呼吸急促和有鼾声等，表明此兔可能患呼吸道病如巴氏杆菌病、波氏杆菌病等疾病。鼻孔内流出混有血液的泡沫则可能患兔瘟。容易导致家兔流鼻液的疾病还有：感冒、肺炎双球菌感染、克雷伯氏菌病、绿脓杆菌感染、霉形体病、李氏杆菌病、沙门氏菌病、弓形虫病、兔痘、葡萄球菌病、溃疡性齿龈炎、敌鼠钠盐中毒、安妥中毒、中暑等。由于鼻液分泌增加，应对鼻液性状做进一步的检查。如鼻液增加，并伴有瘙痒感，用两前肢搔抓鼻部或向周围物体上摩擦并打喷嚏，提示为鼻道的炎症；如鼻液中混有新鲜血液、血丝或血凝块时，多为鼻黏膜损伤；如鼻液污秽不洁，并有恶臭味，可能为坏疽性肺炎，这时可配合鼻液弹力纤维检查（检查方法：取鼻液少许，加等量的 10% 氢氧化钠溶液，在酒精灯加热煮沸使之变成均匀一致的溶液后，加 5 倍蒸馏水混合，离心沉淀 5～10 分钟，倾去上清液，取沉淀物 1 滴置于玻片上，压上盖玻片，进行显微镜检查，弹力纤维细长弯曲如毛发状，具有较强的折光力，即可确诊）。

（5）胸部检查：家兔的胸部检查应用不多。在怀疑肺部有炎症时，进行胸部透视或摄片检查，可以提供比较可靠的诊断。

呼吸检查主要靠听诊和触诊（图 3-8）。

十、食欲检查

食欲好坏是家兔健康与否的重要标志。健康家兔一般食欲旺盛，喂料时表现出急于求食的现象，即在笼内跳来跳去，若打开笼门就伸出头来寻食。对于正常喂量的饲料可在 15～30 分钟吃光。如果表现呆滞或蹲缩在兔笼一角，不与其他兔抢食或走到食槽前想吃又不想吃，则表明已患病。在排除饲料、饮水质量的情况下，充满食物的食槽和饮水往往提醒人们兔子已患病。同时要注意兔是否有流涎现象，门齿是否整齐或过度生长，饮水量过多也是很多疾病的表现。如兔子在食欲减退或废绝的情况下，饮水量却大增时，表明家兔体温升高或食盐中毒。

食欲检查主要靠问诊和视诊。

十一、腹部检查

主要观察腹部容积的大小。除妊娠后期外，一般无增大现象。发生胀肚可能患球虫病、结肠阻塞。食欲不振，触摸胃有大而充满食物之感，可能患毛球病。如腹下部膨大，触诊有波动感，改变体位时，膨大部随之下沉，表明腹腔有积液。如果触诊时，家兔出现不安、闹动，腹肌紧张且有震颤时，表明腹膜有疼痛反应，多见于腹膜炎。腹围增大，盲肠大而软，可能患球虫病、大肠杆菌病等。盲肠内有硬结，可能是盲肠秘结。

腹部触诊方法：腹部触诊时，先保定好家兔的头部，检查者立于尾部，用两手的指端同时从左右两侧压迫腹部。健康兔腹部柔软并有一定的弹性。腹腔积液时，触诊有波动感。肠管积气时，触诊腹壁有弹性增强感。

腹部检查主要靠视诊和触诊（图3-9）。

图3-9　腹部检查

十二、粪便观察

粪便形状是诊断兔病的重要内容之一。正常的家兔粪便大小如豌豆大，光滑均匀。如粪便干、硬、小或粪量减少甚至停止排粪，则可能是消化不良或便秘。粪便变形，但性质没有变化，可能是因饲养管理不当所致；粪便变稀，成堆呈酱色，可能是饲喂霉变饲料等有毒饲料所致；粪便稀且带有黏液，奇臭，可能患细菌性疾病，如大肠杆菌病、沙门氏菌病、魏氏梭菌病等；粪便变性，带有黏液呈顽固性腹泻，可能患寄生虫病，如球虫病。

粪便检查主要靠视诊、闻诊及实验室检查。

十三、尿液检查

检查尿液时要注意排尿量（正常情况下，成年兔每千克体重每昼夜为130毫升）、次数、比重、pH值（一般为8.2）、排尿姿势、尿液性质、颜色（幼兔尿呈无色清亮，成年兔呈微混浊淡黄色，这是尿中含有多量钙和黄尿素所致）及内含物等情况。排尿次数增多，甚至出现尿频和尿淋沥，尿中带血，尿液有氨味，可能患膀胱炎、尿结石；排尿次数减少，尿色深，比重大，沉渣增多是急性肾炎、下痢的表现。尿液呈酱油色，可能患豆状囊尾蚴病、肝片吸虫病、肝硬化等。长期血尿但无疼痛感，可能是肾母细胞瘤；排尿疼痛是尿路有炎症的表现；尿闭则可能患膀胱麻痹、括约肌痉挛、尿道结石；尿失禁可能是腰荐脊柱损伤或括约肌麻痹的表现。

尿液颜色与饲料种类、服用某些药物等有关，应注意加以区别对待。

粪便检查主要靠视诊、闻诊及实验室检查。

第三节　病料的送检方法

病料的送检方法应依据传染病的种类和送检目的不同而有所区别。具体方法与要求如下：

一、病料采取

病料采取的基本原则有以下几点：

（1）怀疑某种传染病时，则采取该病常侵害的部位。

（2）提不出怀疑对象时，则可将完整家兔送检。

（3）败血性传染病，如兔巴氏杆菌病、兔瘟等，可以采取心、肝、脾、肾、肺、淋巴结及胃肠等组织。

（4）对兔结核病采取病变结节，兔魏氏梭菌性肠炎等专嗜性传染病，则要采取该病侵害的主要器官组织，如肠管及肠内容物，有神经症状的传染病采取脑、脊髓等。

（5）检查血清抗体时，则采取血液，待凝固析出血清后，分离血清，装入灭菌的小瓶送检。

二、病料保存

采取病料后要及时送实验室检验，如病料不能立即进行检验，或需送往外地检验时，应加入适量的保存剂，使病料尽量保持新鲜状态，以便得出正确的结果。

1. 细菌检验材料的保存

将采取的组织块，保存于饱和盐水或 30% 甘油缓冲液的容器中，加塞封固。

（1）饱和盐水配制：蒸馏水 100 毫升，加入氯化钠 38～39 克，充分搅拌溶解后，用数层纱布滤过，高压灭菌后备用。

（2）30% 甘油缓冲溶液的配制：纯净甘油 30 毫升，氯化钠 0.5 克，碱性磷酸钠 1 克，蒸馏水加至 100 毫升，混合后高压灭菌备用。

2. 病毒检验材料的保存

将采取的组织块保存于 50% 甘油生理盐水或鸡蛋生理盐水中，容器加塞封固。

（1）50% 甘油生理盐水的配制：中性甘油 500 毫升，氯化钠 8.5 克，蒸馏水 500 毫升，混合后分装，高压灭菌后备用。

（2）鸡蛋生理盐水的配制：先将新鲜鸡蛋的表面用碘酒消毒，然后打开，将内容物倾入灭菌的容器内，按全蛋 9 份加入灭菌生理盐水 1 份，摇匀后用纱布滤过，然后加热至 56～58℃，持续 30 分钟，第 2 日和第 3 日各按上法加热 1 次，冷却后即可使用。

3. 病理组织学检验材料的保存

将采取的组织块放入 10% 的福尔马林（含40%甲醛）溶液或 95% 酒精中固定，固定液的用量须为标本体积的 10 倍以上。如用 10% 福尔马林（含40%甲醛）固定，应在 24 小时后换新鲜溶液 1 次。严寒季节为防组织块冻结，在送检时可将上述固定好的组织块取出保存于甘油和 10% 福尔马林（含40%甲醛）等量混合液中。

三、病料送检

（1）病料的记录和送检单：装病料的容器上要编号，并详细记录，附有送检单。

（2）病料包装：要求安全稳妥。对于危险材料，怕热或怕冷的材料，应分别采取措施。一般微生物检验材料怕热，病理检验材料怕冻。

（3）病料运送：病料装箱后，要尽快送到检验单位，短途可派专人送去，长途可以空运。

（4）注意事项：病料在送检过程中应注意以下6点。

①采取病料要及时，一般应在死后立即进行，最迟不超过6个小时。如时间过长，特别是夏天，组织变性和腐败不仅影响病原体的检出，也影响病理组织学检验的正确性。

②应选择症状和病变典型的病例，最好能同时选择几种不同病程的病料。

③采取病料的家兔应是未经抗菌药或杀虫药物治疗的，否则会影响微生物和寄生虫的检出结果。

④剖检取病料之前，应先对病情、病史加以了解和记录，并详细进行剖检前的检查。

⑤病料应在无菌条件下采取，为了减少污染，一般先采用微生物学检验材料，然后结合病理剖检采取病理检验材料。

⑥病料应放入装有冰块的保温瓶内送检，如无冰块，可在保温瓶内放入氯化铵450～500克，加水1 500毫升，上层放病料，能使保温瓶内保持0℃达24小时。

第四节　家兔的传染病检验

怀疑兔群中发生传染病时，可根据所怀疑的疾病全面采取病料送实验室检验，以便及时确诊。

一、细菌学检验

1. 镜检

取清洁无油污的载玻片，以病料涂片（图3-10），自然干燥后，经火焰固定，可选用单染色法、革兰氏染色法、抗酸性染色法或特殊染色法染色（图3-11）、镜检（图3-12），以观察细菌的形态特征。

2．分离鉴定

从被检病料中分离细菌，一定要采用相应的适宜于该菌生长的培养基，进行需氧培养或厌氧培养，分得纯培养菌后，利用特殊培养基进行形态学、培养特征、生化特性、致病力和抗原特性鉴定（图3-13）。

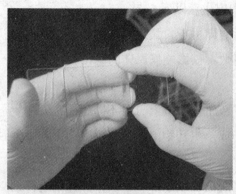

图 3-10 推片固定

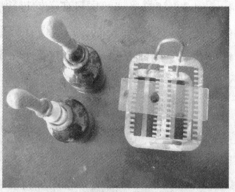

图 3-11 染色

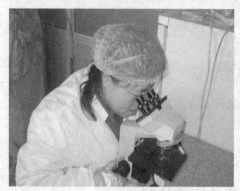

图 3-12 显微镜检查病原

图 3-13 细菌培养

3．动物实验

以灭菌生理盐水将病料制成 10 倍悬液，用皮下、肌肉、腹腔、静脉或脑内等途径接种于易感动物，如小鼠、大鼠、豚鼠、家兔等。接种后按常规隔离饲养管理，注意观察，有的还要求定时测体温，如有死亡，应立即进行剖检及细菌学检查。

二、病毒学检验

1．样品的处理

无菌取出病料组织，以磷酸盐缓冲液在无菌室内反复洗涤 3 次，然后将病料剪碎、磨细，加磷酸盐缓冲液配制成 10 倍悬液（血液可直接制成 10 倍悬液），以每分钟 2 000~3 000 转离心沉淀 15 分钟，取上清液每毫升加入青霉素和链霉素各 1 000 单位，放入冰箱中待用。

2．病毒的分离鉴定

检验病毒的样品要通过鸡胚或组织培养进行分离，分离得到的病毒要以电子显微镜检查、血清学实验及动物实验等进行鉴定。

3．动物实验

将经上述方法处理的待检样品或细胞培养物，接种于易感动物进行实验，其方法可参照细菌学检验。

三、免疫学检验

在动物传染病的免疫学检验中，除凝集反应、沉淀反应、补体结合反应、中和反应等血清学检验方法外，先后又研究出免疫扩散、变态反应、荧光抗体技术、酶标记技术、葡萄球菌 A 蛋白协同凝集试验、载体凝集试验、放射免疫、单克隆抗体技术、PCR技术（聚合酶链反应）等，这些方法具有灵敏、快速、简易、准确的特点，用于传染病的诊断，大大地提高了诊断水平，应用十分广泛。尤其是PCR技术在兽医的广泛应用。使疾病的诊断准确率大幅度提高，目前已成为诊断各类疾病的主要手段之一。

第五节　家兔的寄生虫病检验

一、粪便检验

寄生蠕虫的卵、幼虫、虫体及其断片以及某些原虫的卵囊、包囊都是通过粪便排出的。因此，粪便检查是寄生虫病诊断的重要手段。采取新鲜的粪便，进行虫卵检查，常用的方法有：

1．直接涂片法

在干净的载玻片上滴 1~2 滴清水，用火柴棍取少量粪便放入其中，涂匀，剔去粗渣和多余的粪块，于粪液上覆盖盖玻片（图3-14），置显微镜下检查（图3-15）。

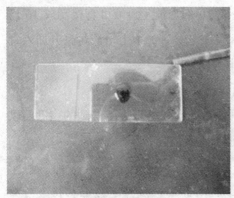 

图 3-14　寄生虫漂洗液滴片　　　　　　　图 3-15　显微镜检查寄生虫

2．粪便集卵法

（1）漂浮法：取兔粪10克，加少量饱和盐水，用小棒将粪球捣碎，再加10倍量的饱和盐水搅匀。以60目铜筛过滤，静置30分钟，用直径5～10毫米的铁丝圈，与液面平行接触沾取表面液膜，抖落于载玻片上并加盖玻片，置显微镜下检查。

（2）沉淀法：取兔粪5～10克，放在200毫升杯内，加入少量清水，用小棒将粪球捣碎，再加5倍量的清水调成稀糊状，用60目铜筛过滤，静置15分钟，弃去上清液，保留沉渣。再加满清水，静置15分钟，弃去上清液，保留沉渣。如此反复3～4次，以沉渣涂于玻片上，置显微镜下检查。

二、寄生虫虫体检查

1．蠕虫虫体检查

将兔粪数克盛于盆内，加10倍生理盐水，搅拌均匀，静置沉淀20分钟，弃去上清液。将沉淀物重新加入生理盐水，搅匀，静置后弃去上清液，如此反复2～3次。弃上清液，挑取少量沉渣置于黑色背景上，用放大镜寻找虫体。

2．线虫幼虫检查法

取3～10个兔粪球放在培养皿内，加入适量的40℃温水。10～15分钟后，取出粪球，将留下的液体在低倍镜下检查，可检出幼虫。

3．螨虫检查法

在兔体患部，先去掉干硬痂皮，然后以小刀刮取病料，放在杯内，加适量的10%氢氧化钾溶液，微微加温，20分钟后待皮屑溶解，取沉渣涂片镜检。

第六节　家兔的给药途径和方法

家兔给药途径和方法的不同，直接影响药物作用和疗效快慢，也有可能改变药物的基本作用。如内服硫酸镁产生泻便作用，而静脉内注射则产生镇静、抗惊厥等中枢作用。药物的性质不同，也需要不同的给药途径，如油类制剂不能静脉内注射，氯化钙等只能静脉注射，而不能肌肉注射，否则会引起局部发生坏死。所以，临床工作中应根据病情的需要、药物的性质、动物的大小等选择适当的给药途径。

一、内服给药

此法操作简单，使用方便，适用于多种药物，尤其是治疗消化道疾病。缺点是药物易受胃、肠内环境的影响，药量难以掌握，药效慢，吸收不完全；有些药还对家兔胃肠道有强烈的刺激作用，容易造成家兔的不适。

1. 自行采食法

在兔还保持一定食欲的情况下，可用此投药方法，注意要选用毒性小，无不良气味的药物，多用于大群预防性给药或驱虫。依药物的稳定性和可溶性，按一定比例拌入饲料（图3-16）或饮水中（图3-17），让兔自行采食或饮用。大群用药前，最好先做小批的毒性及药效试验。

图3-16　药物拌料　　　　　　　　图3-17　药物混水

注意在用药前要空腹一定时间，以保证给药后兔能够迅速食入或饮入。

2. 投服法

适用于患兔食欲废绝及使用药物的剂量小，有异味的片、丸剂药物。由助手保定病兔，操作者一手固定兔头部并捏住兔面颊使口张开，用弯头止血钳、镊子或筷子夹取药片（丸），送入会厌部，使兔吞下（图3-18）。

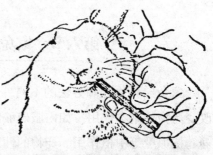

图3-18 塑料管口服粉剂药

3. 灌服法

适用于患兔食欲废绝及使用药物有异味。把药碾细加少量水调匀，用汤匙倒置（以柄代勺插入口角）或用注射器、吸管吸取药液从口角徐徐灌入。应注意，不要误灌入气管内，造成异物性肺炎（图3-19）。

4. 胃管投药

适用于患兔食欲废绝及使用药物有异味、毒性大。用开口器（木或竹制，长10厘米，宽1.8~

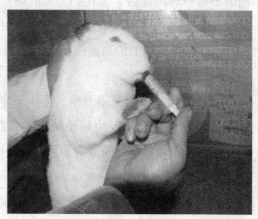

图3-19 注射器灌药

2.2厘米，厚0.5厘米，正中开一比胃管稍大的小圆孔），将橡胶管、塑料管或人用导尿管涂上润滑油或肥皂，助手保定家兔，固定好头部。投药者将胃管沿上颚后壁徐徐送入食道，连接漏斗或注射器即可投药。成兔由口到胃深约20厘米。切不可将药投入肺内，当胃管抵达会厌部时，兔有吞咽动作，趁其吞咽时送下胃管。插入正确时，胃管吹得动、吸得住；误插入气管时，患兔咳嗽，胃管吹得动，而吸不住，胃管外端浸入盛水杯中出现气泡。投药完毕，徐徐拔出胃管，取下开口器（图3-20）。

图3-20 家兔的胃管投药法

二、直肠给药

当患兔发生便秘、毛球病等疾病，有时内服给药效果不好，可用直肠内灌注法。药液应加热至接近体温。将兔侧卧保定，后躯高，用涂有润滑油的橡胶管或塑料管，经肛门插入直肠8～10厘米深，然后用注射器注入药液，捏住肛门，停留5～10分钟然后放开，让其自由排便（图3-21）。

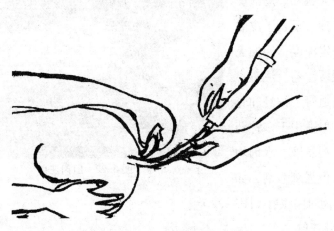

图 3-21　直肠灌药

三、注射给药

采用注射给药法吸收快、奏效快、药量准、安全、节省药物，但需掌握药物质量及严格消毒。

1. 皮下注射

选在颈部、肩前、腋下、股内侧或腹下皮肤薄、松弛、易移动的部位。局部剪毛，用70%酒精棉球或2%碘酒棉球消毒，左手拇指、食指和中指捏起皮肤呈三角形，右手如执笔状持注射器于三角形基部垂直于皮肤迅速刺入针头，放开皮肤，不见回血后注药。注射完毕拔出针头，用酒精棉球压迫针孔片刻，防止药液流出。注射正确可见局部鼓起，皮下注射主要用于防疫注射。

2. 皮内注射

通常在腰部和肷部。局部剪毛消毒后，将皮肤展平，针头与皮肤呈30°角刺入真皮，缓慢注射药液。注射完毕，拔出针头，用酒精棉球轻轻压迫针孔，以免药液外溢。注意每点注射药量不应超过0.5毫升，推药时感到阻力很大，在注射部位出现一小丘疹状隆起为正确。皮内注射多用于预防接种、过敏试验及诊断等。

3．肌肉注射

选在肌肉丰满处，通常在臀肌和大腿部。局部剪毛消毒后，针头垂直于皮肤迅速刺入一定深度，回抽无回血后，缓缓注药。注意不要损伤大的血管、神经和骨骼。肌肉注射适用于多种药物，油剂、混悬液、水剂均可用此法。但强刺激剂，如氯化钙等不能肌肉注射（图3-22）。

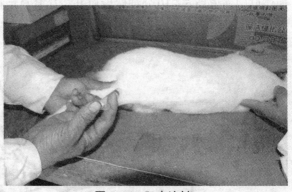

图 3-22　肌肉注射

4．静脉注射

多取耳外缘静脉，由助手保定兔，固定头部，剪毛消毒术部（毛短者可不剪毛），左手拇指与无名指及小指相对，握住耳尖部，以食指和中指夹住，压迫静脉向心侧，使其充血怒张。静脉不明显时，可用手指弹击耳壳数下或用酒精棉球反复涂擦刺激静脉处皮肤。针头以15°角刺入血管而后针头与血管平行向血管内送入适当深度，回抽见血，推药无阻力，皮肤不隆起为刺针正确，而后缓慢注药。注射完毕拔出针头，以酒精棉球压迫片刻，防止出血。

第一次刺针应先从耳尖部开始，以免影响以后刺针。油类药物不能静注。要排净注射器内空气，以免引起血管栓塞，造成死亡。注射钙剂，要缓慢，药量多时要加温，静脉注射多用于补液（图3-23）。

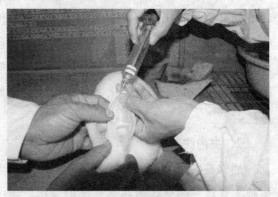

图 3-23　耳静脉注射

5. 腹腔内注射

选在脐后部腹底壁，偏腹中线左侧 3 毫米。剪毛消毒后，使兔后躯抬高，对着脊柱方向刺针，回抽注射器，如无气体、液体及血液后注药。刺针不应过深，以免损伤内脏。如怀疑有肝、肾或脾肿大时，要特别小心。当兔胃和膀胱空虚时，进行腹腔注射比较适宜。药液应加热与体温相近。腹腔内注射可用于补液（当静脉内注射困难或心力衰竭时）（图3-24）。

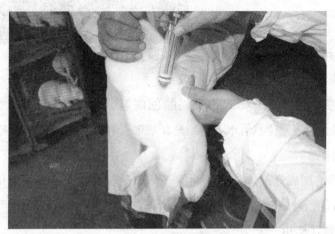

图 3-24　腹腔注射

6. 气管内注射

在颈上 1/3 下界正中线上。剪毛消毒后，垂直刺针，刺入气管后阻力消失，回抽有气体，然后慢慢注药。气管内注射用于治疗气管、肺部疾病及肺部驱虫等。药液应加温，每次用药的剂量不宜过多，药液应为可溶性并容易吸收。

四、外用给药

主要用于体表消毒和杀灭体表寄生虫。外用给药应防止经体表吸收引起中毒。尤其大面积用药时，应特别注意药物的毒性、湿度、用量、浓度和作用时间，必要时可分片分次用药。

1. 点眼

在患兔患结膜炎时可将治疗药物滴入眼结膜囊内，眼球检查有时也需要点眼。操作时，用手指将下眼睑内角处捏起，滴药液于眼睑与眼球间的结

膜囊内，每次滴入 2～3 滴，
每隔 2～4 小时滴1次。如为膏
剂，则将药物挤入结膜囊内。
药物滴入（挤入）结膜囊后，
稍活动一下眼睑，不要立即松
开手指，以防药物被挤出（图
3-25）。

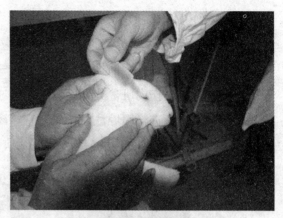

图 3-25　点眼

2. 洗涤

将药物配成适当浓度的水
溶液，清洗眼结膜、鼻腔及口
腔等部的黏膜、污染物或感染创的创面等。常用的有生理盐水或0.3%～
1.0%过氧化氢溶液（双氧水）、0.1%新洁尔灭溶液、0.1%高锰酸钾溶液等。

3. 涂擦

将药物制成膏剂或液剂，涂擦于局部皮肤或创面上。主要用于局部感染
和疥癣等的治疗。

4. 浇泼驱虫

将购买的浇泼剂在兔的耳根部浇泼，达到驱虫效果。主要用于杀灭体表
寄生虫（图3-26）。

图 3-26　耳根浇泼驱虫

第四章　兔常见病防治

第一节　兔病毒病防治

一、兔病毒性出血症（兔瘟）

本病又名兔瘟，是由病毒引起的一种急性、烈性、高度致死性传染病，该病特征是突然发病，体温升高，呼吸急促，死前发出尖叫声，口鼻流血，支气管和肺部充血、出血，实质器官淤血肿大和点状出血等，该病的病原体为兔出血症病毒，呈球形。病兔体内肝脏含毒量高，其次是肺、脾、肾、肠道及淋巴结。病毒对人、绵羊和鸡的红细胞有凝集作用。病毒在0.4%福尔马林溶液中置4℃或37℃条件下，能使其失去致病性，但可保留免疫原性，1%氢氧化钠溶液可使其灭活，用一般消毒药可将其杀死。

1. 诊断要点

（1）流行特点：病兔、隐性感染兔和康复兔是主要的传染源，被病毒污染的饲料、饮水以及配种、剪毛和饲养人员等都是重要的传播媒介。可经直接接触、交配、破伤的皮肤以及消化道或呼吸道而感染。各品种家兔均有易感性，以长毛兔最易感。3月龄以上的青壮年兔发病率为70%以上，死亡率高达100%。3月龄以下的幼兔和哺乳仔兔很少发病。本病多见于秋冬和早春季节，夏季少见。

（2）临床症状：人工感染潜伏期为48～72小时。最急性的，突然抽搐惨叫几声而死。急性的，病兔体温升高到40℃以上，精神沉郁，食欲减退或不食，数小时后体温急剧下降，呼吸急促、惊厥、蹦跳、倒地抽搐，鸣叫而死，康复兔带毒。

（3）病理变化：尸体呈角弓反张状（图4-1），鼻孔流出鲜红色的分泌物。鼻腔、气管黏膜有小点状或弥漫性出血，气管充满大量的泡沫状液体，全肺出血。心包水肿，心外膜和心内膜乳头肌周围有小点状出血，以心房和冠状血管附近最为严重。肝淤血肿大，有出血点或出血斑，肝表面有灰白色坏死灶。脾淤血、肿大，质脆色深。胆囊增大，充满暗绿色浓稠胆汁，黏膜脱落。肾肿大、淤血、黑褐色，有少量出血点。胃黏膜脱落，十二指肠和空肠黏膜有小点状出血。淋巴结肿大，有针尖大出血点。

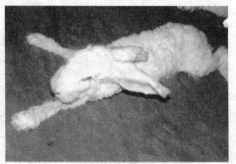

图4-1　兔病毒性出血症病兔

（4）实验室检查：将新鲜病兔尸体或采病死兔肝、肾和淋巴结等材料做动物接种、病毒学检查或血清学检验。将病料配成10%悬液，经超声波处理，离心沉淀后制备电镜标本，用2%磷钨酸染色，电镜观察，可检出本病毒。

红细胞凝集抑制（HI）试验：用已知抗兔病毒性出血症血清，检查病料中未知病毒。在96孔V型微量滴定板上加被检病料（肝组织悬液），做2倍稀释，然后加抗血清，摇匀，于37℃作用30分钟后观察结果。凡被已知抗血清抑制血凝者，证实本病毒存在，为阳性。

2. 类症鉴别

（1）与兔巴氏杆菌病鉴别：兔巴氏杆菌病多呈散发性流行，发病无明显年龄界限。病兔无神经症状，肝脏不肿大，有散在灰白色坏死病灶，肾脏不肿大，有浆液性、黏液性或脓性鼻炎，后期下痢，1～2日死亡。从病料中可分离出革兰氏阴性两极浓染短杆菌，用抗生素治疗有效。

（2）与兔魏氏梭菌病鉴别：兔魏氏梭菌病以急性腹泻和盲肠浆膜有鲜红色出血斑为特征。以肝病料做红细胞凝集反应，魏氏梭菌性肠炎为阴性，因其不能凝集人的"O"型红细胞。

3. 防治措施

（1）治疗：目前尚无特效治疗药物，应用高兔血清有一定的治疗效果。每只兔皮下或肌肉注射5毫升，每日注射1次，连用3日，同时进行对症治疗。

（2）预防：不从疫区购进种兔，引进种兔要严格检疫。加强兔群管理工作，提高免疫力，对兔场周围环境要严格消毒，对病死兔及时封锁、隔离、将死兔焚烧或深埋。认真把好疫苗的注射及各环节的质量关。采用适当的药物及措施，控制继发感染，降低死亡率，对已发病的要早发现、早处理、病兔立即注射兔瘟高免血清，每只 3 毫升，可获得 15 天左右的保护期，10 天后再注射兔瘟疫苗。

二、兔黏液瘤病

本病是由黏液瘤病毒引起的一种高度接触传染性、致死性传染病，其特征为全身皮下，尤其是颜面部和天然孔、眼睑及耳根皮下发生黏液瘤性肿胀。黏液瘤病毒属于痘病毒属第五亚群，主要存在于病兔眼垢和病变部皮肤的渗出液中。病毒对干燥抵抗力强，在干燥环境中可存活 3 周。26～30℃ 能保存 10 日，55℃ 25 分钟能使之灭活。0.5%～2.0% 的福尔马林（含 40% 甲醛）1 小时内即可致死。

1. 诊断要点

（1）流行特点：黏液瘤病毒为痘病毒科兔痘病毒。本病毒对干燥具有较强的抵抗力，在干燥的黏液瘤结节中可存活 2 周，在潮湿环境中 8～10℃ 可存活 3 个月以上，26～30℃ 时能存活 1～2 周。对热敏感，55℃ 10 分钟、60℃ 数分钟内可被灭活，对高锰酸钾、升汞和石炭酸有较强的抵抗力，0.5%～2% 的甲醛溶液需要 1 小时才能灭活该病毒。

病兔是传染源，以病兔眼垢和病变部皮肤的渗出液中含毒量最高。主要通过节肢动物（最常见的是蚊和蚤）叮咬传播，也可与病兔直接接触或与污染有病毒的饲料、饮水和用具等接触而传染。

本病只发生于家兔和野兔，其他动物无易感性。多发生于夏秋昆虫孳生繁衍季节。

（2）临床症状：潜伏期一般为 3～7 天，最长可达 14 天。以全身黏液性水肿和皮下胶胨样肿瘤为特征。被带毒昆虫叮咬部位出现原发性肿瘤结节，然后眼睑肿胀、流泪，有黏性或脓性眼垢。最急性的严重病例呈现耳聋，体温升高至 42℃，眼睑水肿，上下互相粘连，48 小时内死亡，死前大脑抑制；肿胀可蔓延整个头部和耳朵皮下组织，使头部皮肤皱褶呈狮子头外观。肛门、生殖器、口和鼻孔周围浮肿。浮肿部位出现皮下胶冻样肿瘤，尤以和皮肤交界处多见。

（3）病理变化：最突出的变化是皮肤肿瘤和皮肤以及皮下显著水肿。特别是颜面部和天然孔周围的水肿。皮肤出血，脾脏肿大，淋巴结肿大出血，心内外膜有出血点，胃肠道的黏膜下有淤血点或淤血斑。

（4）实验室检查：以病变组织作触片或切片，用姬姆萨染色法染色，镜检可见到紫色的细胞浆包涵体。黏液瘤病毒能在兔睾丸、肾和兔胚单层细胞内繁殖，并能出现细胞病变，可选用上述细胞分离鉴定病毒。鉴定方法可用琼脂扩散试验和蚀斑中和试验。

如有条件时还可进行病原分离与鉴定及血清学检查（包括补体结合试验、病毒中和试验、琼脂免疫扩散试验等）。

2. 类症鉴别

（1）与兔病毒性出血症鉴别：兔病毒性出血症不引起断乳前的仔兔发病死亡；发病兔能出现神经症状；鼻腔流出鲜红色泡沫样分泌物；肝淤血、肿大，呈暗红色；肾肿大，肺淤血、水肿、出血。这些可与兔黏液瘤病区别。

（2）与兔痘鉴别：兔痘以皮肤丘疹、坏死、出血，内脏器官有灰白色的小结节病灶等为特征，可作为区别黏液瘤病的诊断依据。

3. 防治措施

我国虽无本病的报道，但从国外引进种兔时要严格检疫，以防本病传入。控制传播媒介，消灭各种吸血昆虫，坚持消毒制度，定期接种，可控制本病的发生。如兔群一旦发生此病，应坚决采取扑杀、消毒、烧毁等措施，对假定健康群，立即用疫苗进行紧急预防注射。

三、兔痘

本病是家兔的一种高度接触传染的致死性传染病，其特征是鼻腔、结膜渗出液增加和皮肤红疹。病原体为兔痘病毒，主要存在于病兔的肺、肝、脾、血液之中。病毒对冷及干燥的抵抗力强，在干燥的痂皮中能存活 $6\sim8$ 周。对热、直射阳光和碱敏感，多数常用消毒药可将其杀死。

1. 诊断要点

（1）流行特点：本病以鼻腔、结膜渗出液增加和皮肤红疹为特征，本病传播力强，经呼吸道感染后，很快可引起全身性感染，再经眼、鼻分泌物污染空气传播给易感兔。传播快，死亡率高，仔兔死亡率是成年兔的2倍，可达70%左右。

（2）临床症状：本病潜伏期在新老疫区有所区别，新疫区一般为 $2\sim9$

日，而老疫区为1～2周。痘疱型，初期发热，体温升至41℃，患兔厌食，流鼻液，呼吸困难。腹股沟、胭窝淋巴结肿大而坚硬。此时皮肤上出现红斑，后发展为丘疹，中央凹陷坏死，相邻组织水肿、出血，最后丘疹结节干燥、结痂。病灶多见于耳、口、眼、腹部、背部和阴囊处，因而引起眼羞明、流泪，继而发生眼睑炎，化脓性眼炎或溃疡性角膜炎，口腔、鼻腔水肿、坏死以及生殖器官周围水肿。神经系统受损伤时，很快出现运动失调，痉挛，眼球震颤，肌肉麻痹。有时腹泻和孕兔流产。常在发病后5～10天出现死亡。非痘疱型，表现为食欲减退，发烧，舌唇部黏膜有少量散在丘疹，有时发生结膜炎和腹泻，于感染后1周死亡。

（3）病理变化：剖检可见皮肤、颜面、口腔、上呼吸道及肝、脾、肺等器官出现丘疹结节，周围组织水肿或出血。心脏有灶性损害，肺脏布满灰白色小结节，呈弥漫性肺炎及灶性坏死。肝脏肿大，呈黄色，有许多灰白色结节和小坏死灶。脾脏肿大，有灶性结节和坏死区。睾丸水肿和坏死，子宫布满白色结节，有的发生灶性脓肿。肾上腺、甲状腺、胸腺和唾液腺都有坏死灶。

（4）实验室检查：采取肝、脾、肾、淋巴结、睾丸、子宫等病料，通过鸡胚接种分离病原体，或进行血清学交叉试验和牛痘疫苗交叉保护试验，或荧光抗体试验等方法确诊。

2．防治措施

主要是加强平时卫生防疫工作，避免引入传染源，加强消毒，发现病兔及时隔离处理。兔群受到本病威胁时，可用牛痘疫苗作紧急预防接种。

四、兔传染性水疱性口炎

本病是由水疱性口炎病毒引起的兔的一种急性传染病，其特征为口腔黏膜发生水疱性炎症并伴有大量流涎，故又称"流涎病"。本病毒属于弹状病毒科，主要存在于病兔的水疱液、水疱皮及局部的淋巴结内，在4℃时能存活30日，-20℃能长期存活。加热至60℃或在阳光的作用下，很快失去毒力。

1．诊断要点

（1）流行特点：病兔是主要的传染源，经消化道而感染。发病率约67%，死亡率可达50%左右。病毒主要侵害1～3月龄的幼兔，最常见的是断奶后1~2周龄的仔兔，成年兔发生较少。饲养管理不良，饲喂霉烂和有刺的饲料，口腔损伤等可诱变本病，春秋两季多发。

（2）临床症状：潜伏期为5~7天。病初口腔潮红、充血，随后在唇、舌、硬腭及口腔出现粟粒大至扁豆大充满纤维素性浆液的水疱，进而转变成白色或灰色的小脓疱，不久脓疱破溃形成烂斑和溃疡，同时大量流涎。如继发细菌性感染，则引起口腔、唇、舌坏死，伴有恶臭。随着大量唾液顺口角流出，嘴、脸、颈、胸部被毛和前爪，经常被流涎沾湿，而使绒毛粘成一片。局部皮肤由于经常浸湿和刺激，而发生炎症和脱毛，有时外生殖器也可见到类似水疱或烂斑。

由于口腔损害和大量流涎，进而造成患兔丧失大量的体液、黏液蛋白和某些代谢产物，使病兔出现消化不良，咀嚼小心，食欲不振或废绝、精神沉郁、腹泻、消瘦和体温升高，发病后期瘫痪、侧卧不起，终因过度衰弱而死亡。病程2~10天不等，死亡率在50%以上。

值得注意的是本病应与兔痘、化学药物、有毒植物，真菌毒素的刺激和物理损伤等引起的口炎相鉴别。

（3）病理变化：口腔黏膜、舌和唇黏膜有水疱、糜烂和溃疡，咽、喉头部聚集有多量泡沫样的唾液，唾液腺肿大发红。胃扩张，充满黏稠的液体，肠黏膜特别是小肠黏膜有卡他性炎症，尸体十分消瘦。

（4）实验室检查：采取患兔的水疱液、水疱皮或口腔分泌物等病料以Hank's液作1∶5稀释，加入抗生素后用滤器过滤，滤液可接种于兔肾原代单层细胞，如有本病毒存在，常于接种后8~12小时发生细胞病变，并可用已知抗体鉴定所分离的病毒。也可用已知病毒检查康复兔血清中和抗体浓度，进行诊断。

2. 防治措施

目前本病尚无疫苗和特异疗法，可采取综合性防疫措施，控制继发感染和对症治疗。

（1）治疗：对发病兔应局部治疗和控制继发感染相结合。局部治疗时可先用防腐消毒药液（如2%硼酸溶液、2%明矾溶液、0.1%高锰酸钾溶液、1%盐水等）冲洗口腔，然后涂擦或撒布消炎药剂（如碘甘油、黄芩粉、冰硼散）。也可涂布调成粥状的四环素（把四环素片研细，加水调成粥状，成兔用0.5克/只）或明矾粉与少量白糖的混合剂等。

为控制继发感染，可配合抗菌药物进行全身治疗，如内服磺胺嘧啶或磺胺二甲基嘧啶，每千克体重0.2～0.5克，每日1次，连用数日，也可用紫花地丁、大青叶、鸭跖草，配合少量橘皮作为饲料喂给；用中药双花、野菊花煎水后，拌饲料中喂食，避免喂食粗硬饲料。

（2）预防：平时应加强饲养管理，坚持预防为主，特别是在春秋两季要加强卫生防疫措施，防止引进病兔。若兔群中发现流涎时，应立即隔离病兔，进行治疗。同时对兔舍、兔笼和用具等，用1%～2%氢氧化钠溶液或20%热草木灰水消毒；对可疑兔，可内服磺胺二甲基嘧啶，每千克体重0.1克，每日1次，连续数日，进行药物预防。

五、仔兔轮状病毒病

本病是由轮状病毒引起的仔兔的一种肠道传染病，以仔兔腹泻为特征。轮状病毒属于呼肠孤病毒科轮状病毒属，病毒颗粒呈圆形。病毒主要存在于病兔的肠内容物及粪便中，粪便中的病毒在18～20℃室温中经7个月仍有感染性。

1. 诊断要点

（1）流行特点：病兔及带毒兔是传染源，自然感染是经消化道传染。多发生于2～6周龄仔兔和幼兔，尤以4～6周龄幼兔最易感，发病率及死亡率均高，而成年兔多呈隐性感染而带毒，不表现临床症状。新发生本病的兔群常呈突然爆发，迅速传播。兔群一旦发生本病，随后将每年连续发生，不易根除。

（2）临床症状：潜伏期18～96小时。突然暴发，患兔昏睡，减食或绝食，排出稀薄或水样粪便。病兔的会阴部或后肢的被毛粘有粪便，体温正常，多数于下痢后4天左右因脱水衰竭而死亡，死亡率可达40%。青年兔和成年兔大多不表现症状，仅有少数表现短暂的食欲不振和排软便。

（3）病理变化：解剖检查可见空肠和回肠部的绒毛呈多灶性融合和中度缩短或变钝，肠细胞变扁平，肠腺变深，某些肠段的固有层和下层水肿。

（4）实验室检查：取病、死兔小肠后段的肠内容物磨碎，作1∶4稀释，经离心取上清液，用滤器滤过，以滤液接种兔肾原代上皮细胞，进行病毒分离。或以病料悬液经超速离心，将其沉淀物经负染色后进行电镜观察，发现轮状病毒即可确诊。

2. 防治措施

加强卫生防疫和消毒措施，严禁从有本病流行的兔场引进种兔。发生本病时，应立即隔离，全面消毒，死兔及排泄物、污染物一律深埋或烧毁。

第二节　兔细菌病防治

一、兔巴氏杆菌病

本病又称兔出血性败血症，是由多杀性巴氏杆菌引起的一种急性传染病。由于病原感染部位的不同，而有败血症、传染性鼻炎、地方流行性肺炎、中耳炎、结膜炎、子宫积脓、睾丸炎和脓肿等病症。

多杀性巴氏杆菌，是一种革兰氏阴性、两端钝圆、细小、卵圆形短杆菌。对外界环境因素的抵抗力不强，一般常用消毒药均能将其杀死。

1. 诊断要点

（1）流行特点：正常情况下即30%～70%的健康家兔的鼻腔黏膜和扁桃体内带有这种病菌，平时不发病。

由于该病菌是条件性致病菌，30%～70%的家兔鼻黏膜及扁桃体带菌，但不表现症状。当气温突然变化，忽高忽低；兔舍空气污浊、潮湿，通风不良；兔群拥挤，长途运输；饲料质量差，饲养管理不当；其他疾病或任何应激等条件恶化时或家兔的抵抗力下降，病菌大量繁殖并毒力增强时发病。一年四季均可发病，以春秋季节多发，呈散发或地方性流行。

本病经呼吸道、消化道或皮肤、黏膜伤口感染。多发生于春秋季节，呈散发或地方性流行。发病率常在60%以上，如不及时采取有效措施，可造成全群覆灭。

（2）临床症状：潜伏期1～6日，临床上分为鼻炎型、肺炎型、败血症型、中耳炎型、结膜炎型及脓肿、子宫炎及睾丸炎型6种。

①鼻炎型：患兔鼻腔里流出鼻液，起初呈浆液性，以后逐渐变为黏液性以至脓性。患兔常打喷嚏、咳嗽，用前爪挠抓鼻孔。时间较长时，鼻液变得

更加浓稠，形成结痂，堵塞鼻孔，出现呼吸困难。由于患兔经常挠擦鼻部，可将病菌带入眼内、皮下，引起结膜炎和皮下脓肿等。

鼻炎型的病程较长，数月乃至1年以上。且其传染性强，对兔群的威胁较大。同时，由于病情容易恶化，可诱发其他病型而死亡。

②肺炎型：常有鼻炎型继发转化而来。最初表现厌食和沉郁，继而体温升高，呼吸困难，有时出现腹泻和关节炎。有的突然死亡，也有的病程拖延1～2周。病变可波及肺的任何部位，眼观有实变（肝变）、肺气肿、脓肿和小的灰色结节性病灶，肺实质可见出血，胸膜表面覆盖纤维素样分泌物。

③败血症：该型可由其他病型继发，也可单独发生，与鼻炎、肺炎混合发生的败血症最为多见。病兔精神不振，食欲废绝，呼吸急迫，体温升高至41℃以上，鼻腔流出分泌物，有时伴有腹泻。死前体温下降，四肢抽搐，病程短的24小时死亡，稍长的3～5天，最急性病例常常见不到临床症状突然倒地死亡。

④中耳炎型：又称歪头病、斜颈病，是病菌由中耳扩散至内耳和脑部的结果。严重病例向着头倾斜的方向翻滚，直至被物体阻挡为止。患兔饮食困难，体重减轻，但短期内很少死亡。病理变化可见在一侧或两侧鼓室内有白色奶油状渗出物；感染扩散到脑时，可出现化脓性脑膜炎。

⑤结膜炎型：临床表现为流泪、结膜充血、眼睑肿胀和分泌物将上下眼睑粘住。

⑥脓肿、子宫炎及睾丸炎型：脓肿可以发生在身体各处。皮下脓肿开始时，皮肤红肿、硬结，后来变为波动的脓肿。子宫发炎时，母体阴道有脓性分泌物。公兔睾丸炎可表现一侧或两侧睾丸肿大，有时触摸感到发热。

（3）病理变化：剖解可见，病程短的无明显肉眼可见变化，病程长者呼吸道黏膜充血、出血，并有较多血色泡沫；肺严重充血、出血、水肿；肝脏变性，有较多坏死灶；脾脏和淋巴结肿大出血，心内外膜有出血点；胸、腹腔内有淡黄色积液。有些病例肺有脓肿，胸腔、腹腔、肋膜及肺的表面有纤维素附着。

（4）实验室检查：采取心血和肝、脾等有病变的组织涂片，自然干燥，火焰固定，以美蓝溶液染色镜检，如见有两极染色卵圆形的小杆菌，可以确诊。有条件时还可将病料进行细菌学分离培养及动物接种实验（图4-2）。

2. 类症鉴别

（1）与兔波氏杆菌病鉴别：兔波氏杆菌病从病料中取脓性分泌物涂片，革兰氏染色镜检为革兰氏阴性、多形态小杆菌，而多杀性巴氏杆菌为大小一致的卵圆形小杆菌，再将病料接种于改良麦康凯培养基上，兔波氏杆菌形成不透

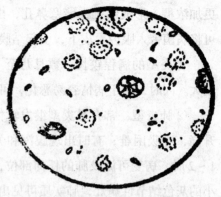

图4-2　兔巴氏杆菌病病原

明、灰白色、不发酵葡萄糖，而多杀性巴氏杆菌在此培养基上不能生长。

（2）与兔李氏杆菌病鉴别：死于李氏杆菌病的家兔，剖检见肾、脾和心肌有散在的针尖大、淡黄色或灰白色的坏死灶，胸、腹腔有多量清澈的渗出液。以病料涂片革兰氏染色镜检为革兰氏阳性多形态杆菌，在鲜血琼脂培养基上培养呈β溶血，而巴氏杆菌无溶血现象。

（3）与野兔热鉴别：野兔热死亡兔剖检见淋巴结显著肿大，呈深红色并有针头大的灰白色干酪样坏死病灶。脾脏肿大，呈深红色，表面和切面有粟粒至豌豆大的灰白色或乳白色坏死灶、肾脏和骨髓也有坏死病灶。以病料涂片革兰氏染色镜检，为革兰氏阴性的多形态杆菌，呈球状或长丝状。

（4）与兔病毒性出血症鉴别：参见本章兔病毒性出血症。

3. 防治措施

（1）治疗措施：可用链霉素肌肉注射，每千克体重1.0万～1.5万单位，每日2次，连用5日。庆大霉素每只兔2万～4万单位肌肉注射，每日2次，连续4日为1疗程。磺胺嘧啶每千克体重0.05～0.2克，每日2次，肌肉注射或口服，连用5日。慢性病例可用青霉素、链霉素滴鼻（每毫升各2万单位），每日2次，连用5日，同时配合口服土霉素，每千克体重25～40毫克，混在饲料内喂给，每日1次，连用5日。有条件时可用高免血清治疗，皮下注射，每千克体重4～6毫升，每日1次，连用3日，效果显著。

（2）预防措施

①兔场应坚持自繁自养。搞好饲养管理和卫生防疫，增强机体的抗病能

力。消除一切应激因素，可减少本病的发生。

②种兔场要定期检疫。引进种兔要严格检查，隔离观察一个月，进行细菌学检查后，健康者方可进入兔场。

③兔场要与养鸡场、养猪场分开。养兔场严禁其他畜禽进出，以减少和杜绝传播机会。

④经常检查兔群，发现重病兔捕杀。对流鼻涕、咳嗽的病兔应及时隔离治疗，慢性病兔要淘汰；兔舍及兔笼、场地用20%石灰乳或3%来苏尔溶液消毒，用具用2%烧碱水洗刷消毒。

⑤兔群每年用兔巴氏杆菌灭活苗或兔巴氏杆菌和波氏杆菌油佐剂二联灭活苗或兔病毒性出血症和兔巴氏杆菌二联灭活苗预防接种，常规时每年2次，发生疫情时也可用于紧急预防注射。

二、兔魏氏梭菌病

本病又称兔魏氏梭菌性肠炎，是由A型魏氏梭菌所产生的外毒素而引起的肠毒血症。以急剧腹泻，排黑色水样或带血胶冻样粪便，盲肠浆膜出血斑和胃黏膜出血、溃疡为主要特征。发病率与致死率较高。病原体为两端稍钝圆的革兰氏阳性大杆菌，存在于土壤和家兔的消化道内，能产生外毒素，引起高度致死性中毒症。

1. 诊断要点

（1）流行特点：除哺乳仔兔外，不同年龄、品种、性别的家兔对本病均有易感性。毛用兔及獭兔最易发病，1~3月龄幼兔发病率最高。主要经消化道或伤口传染，病兔和带菌兔及其排泄物，以及含有本菌的土壤和水源为传染源。本病一年四季均有发生，冬春两季常见，饲养管理不良及各种应激因素可诱使本病暴发。

（2）临床症状：病兔精神沉郁，不吃食，排水样粪便，有特殊腥臭味，肛门周围及后腿部位有稀粪附着（图4-3）。体温不升高，在水泻的当天或次日即死亡，绝大多数为最急性。少数病例病程约1周或更久，最终死亡。

（3）病理变化：胃底黏膜脱落，有大小不一的溃疡。肠黏膜呈弥漫性出血，小肠充满气体，肠壁薄而透明。盲肠和结肠内充满气体和黑绿色稀薄内容物，有腐败气味。肝脏质地变脆，脾呈深褐色，心脏表面血管怒张呈树枝状。

（4）实验室检查：采取空肠或回肠内容物直接涂片，革兰氏染色镜检，可见到革兰氏阳性、菌端稍钝圆的大杆菌。同时用病料以生理盐水制成悬液，离心沉淀后，以上清液用蔡氏滤过器滤除细菌，将滤液注入健康小鼠腹腔，如小鼠在24小时内死亡，则证明肠内有毒素存在，即可确诊。

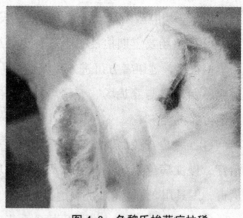

图4-3 兔魏氏梭菌病拉稀

2．类症鉴别

（1）与球虫病鉴别：急性肠球虫病多发生于断乳前后的仔兔，成年兔为隐性感染，不呈现症状。病兔消瘦，营养不佳，有黄疸和贫血症状。剖检可见肠黏膜或肝表面有淡黄白色结节。取结肠或肠黏膜压片镜检，可见球虫卵囊。

（2）与兔沙门氏菌病鉴别：急性沙门氏菌病以败血症、下痢和流产为特征，主要发生于断乳前后仔兔和青年兔。蚓突（盲肠的阑尾）黏膜有弥漫性淡灰色粟粒大的小结节，肠淋巴结水肿，脾肿大、充血，肝脏有散在性或弥漫性针尖大坏死灶。母兔子宫发炎肿大，在其黏膜上有一层淡黄色污物，未流产的胎儿发育不全或木乃伊化。从病兔的血液及各脏器可分离出沙门氏菌。

（3）与兔病毒性出血症及巴氏杆菌病鉴别：可参照兔病毒性出血症及巴氏杆菌病类症鉴别内容。

3．防治措施

（1）治疗措施：病初可用特异性高兔血清进行治疗，每千克体重2～3毫升皮下或肌肉注射，每日2次，连用2～3日，疗效显著。药物治疗可选用喹乙醇，每千克体重5毫克口服，每日2次，连用4日；红霉素，每千克体重20～30毫克肌肉注射，每日2次，连用3日。卡那霉素，每千克体重20毫克肌肉注射，每日2次，连用3日，这些均有一定的疗效。同时注意配合对症治疗，如腹腔注射5%葡萄糖或生理盐水进行补液，内服食母生（每只兔5～8克）和胃蛋白酶（每只兔1~2克）等，可提高疗效。

（2）预防措施：平时应加强饲养管理，消除诱发因素，少喂含有过高蛋白质的饲料和过多的谷物类饲料；严禁引进病兔，坚持各项兽医卫生防疫措施。发生疫情时，立即隔离或淘汰病兔；兔舍、兔笼及用具用3%热碱水消毒，病死兔及其分泌物、排泄物一律深埋或烧毁；注意灭鼠灭蝇；应用兔魏氏梭菌灭活苗进行预防接种或紧急预防注射；也可用金霉素22毫克拌入1千克饲料中喂兔，连喂5日可预防本病。

三、兔波氏杆菌病

本病是家兔常见、多发、广泛传播的一种慢性呼吸道传染病，以鼻炎、支气管肺炎和脓疱性肺炎为特征。病原为支气管败血波氏杆菌，它是一种革兰氏阴性、卵圆形至多形态的小杆菌。多常呈两极染色，本菌抵抗力不强，常用消毒药物均对其有效。

1. 诊断要点

（1）流行特点：本病多发于春秋季节。主要经呼吸道感染，各种应激因素如气候骤变、感冒、寄生虫及强烈刺激性气体的刺激等致使上呼吸道黏膜脆弱，易引起发病。鼻炎型常呈地方性流行支气管肺炎型，多散发。仔兔、幼兔多呈急性型，成年兔呈慢性型。

（2）临床症状：本病分为鼻炎型和支气管肺炎型。鼻炎型，多数病例鼻腔黏膜充血，流出多量浆液性或黏液性分泌物，通常不变为急性。支气管肺炎型，其特征是鼻炎长期不愈，鼻腔流出黏液性或脓性分泌物，打喷嚏，呼吸加快，食欲不振，逐渐消瘦，病程可延续数月。

（3）病理变化：死亡家兔剖检见鼻腔黏膜、支气管黏膜充血，并有多量浆液、黏液或脓性液体。肺部有大如鸽蛋、小如芝麻的脓疱。脓疱的数量不等，多者可占肺体积的90%以上。肝脏表面有黄豆至蚕豆大的脓疱，还引起心包炎、胸膜炎、胸腔积脓和肌肉脓肿。脓疱内积满黏稠、乳油样的乳白色或灰白色脓液。

（4）实验室检查：取鼻咽部黏液、分泌物及病变器官脓疱的脓液涂片，自然干燥后火焰固定，作革兰氏染色，镜检可观察到革兰氏阴性、多形态的小杆菌；美蓝染色常呈多形态两极染色的小杆菌。或用无菌手术取病料接种于改良麦康凯琼脂培养基进行分离培养，将分离的纯培养物分别接种豚鼠和小鼠，豚鼠和小鼠在48小时内呈现肺炎和腹膜炎而死亡。还可用已知的抗K血清与分离的菌株和用已知I相菌抗原与人工发病康复血清做凝集反应，如果均产生凝集现象，证明血清型和抗原性是一致的，可作出诊断。

2. 类症鉴别

（1）与兔巴氏杆菌病鉴别：巴氏杆菌除引起家兔急性败血症死亡外，还可引起胸膜炎，并以胸腔积脓为特征，很少单独引起肺脓疱。以病料接种于绵羊鲜血琼脂培养基和改良麦康凯琼脂培养基平皿，如仅能在绵羊鲜血琼脂培养基上生长，不能在改良麦康凯琼脂培养基上生长，即为多杀性巴氏杆菌；如能在上述两种培养基上生长，并呈不发酵葡萄糖的菌落，即为支气管败血波氏杆菌。

（2）与兔葡萄球菌病鉴别：葡萄球菌虽然引起家兔肺脏的脓灶病变，但比例很小。鉴别时可将脓液作涂片革兰氏染色镜检，如为阳性球菌即为葡萄球菌病，呈阴性多形态小杆菌即为波氏杆菌病。

（3）与兔绿脓假单胞菌病鉴别：绿脓假单胞菌病除引起家兔发生败血症外，还在肺脏和内脏器官形成脓疱，脓疱和脓液均呈淡绿色或褐色，而波氏杆菌病形成的脓疱和脓液均呈乳白色或浅灰白色。绿脓假单胞菌在普通培养基上菌落及周围均呈蓝绿色，并具有芳香味，而波氏杆菌无此特性，可作出鉴别。

3. 防治措施

（1）治疗措施：应用卡那霉素、庆大霉素、红霉素、链霉素及磺胺类药物治疗均有一定的疗效。卡那霉素，每只兔每次0.2～0.4克，肌肉注射，1日2次。庆大霉素每只兔每次1万～2万单位，肌肉注射，1日2次。酞酰磺胺噻唑，每千克体重0.2～0.3克内服，1日2次。对脓疱型病兔无治疗效果的应及时淘汰，治疗时应注意停药后的复发。

（2）预防措施：兔场要坚持自繁自养，严禁随意引进兔源。新引进的种兔，必须隔离观察1个月以上，并进行细菌学与血清学检查，阴性者方可混群饲养。加强饲养管理和做好兽医卫生防疫工作，减少灰尘，保持兔舍适宜的温度与湿度，通风良好，避免异常气味的刺激，定期消毒，及时淘汰有鼻炎症状的兔，以防引起传染。查明发病原因，消除外界刺激因素，要按免疫程序做好预防接种工作。

四、野兔热

野兔热是一种人畜共患的急性、热性、败血性传染病，又称土拉伦斯杆菌病。以体温升高，淋巴结肿大，脾和其他内脏坏死为特征。病原土拉伦斯杆菌，是一种革兰氏阴性、多形态的细菌。本菌对自然环境的抵抗力颇强，在土壤、水、肉及皮毛中可存活数十天，但对热和化学消毒剂抵抗力弱。

1. 诊断要点

（1）流行特点：啮齿动物、野生动物、毛皮兽、家畜、家禽及人均能感染。野生啮齿动物是本菌的自然贮存宿主，是家畜和人的主要传染来源，常呈地方性流行。经消化道、呼吸道、损伤的皮肤和黏膜而感染，通过被细菌污染的水源、饲料和用具，以及吸血昆虫等传播媒介而传播。一般多发生于春末夏初季节，这与啮齿动物及吸血昆虫的繁殖孳生有关。

（2）临床症状：急性病例常不表现明显症状而呈败血症死亡，死前食欲废绝、运动失调。多数病例病程较长，呈高度消瘦和衰竭。体表淋巴结（颌下、颈下、腋下和腹股沟等）肿大发硬，鼻腔发炎，体温比正常升高1.0～1.5℃。

（3）病理变化：急性败血死亡的病例，看不到明显病变。病程较长者可见淋巴结显著肿大，呈深红色，有灰白色、针头大的坏死结节。脾脏肿大，呈深红色，表面和切面有灰白色或乳白色的粟粒至豌豆大的出血点。肝脏肿大，有多发性灶性坏死或粟粒状坏死结节。肾肿大，并有与肝脏相似的变化，肺充血并有块状的实变区。

（4）实验室检查：采取有病变淋巴结、脾、肝和肺等组织涂片，革兰氏染色，镜检可见革兰氏阴性、多形态的小球状杆菌。病料悬液或培养物给豚鼠皮下或腹腔注射0.5～1.0毫升，一般于4～10日死亡，剖检病变与病兔相似。对慢性和带菌兔，可采取血清与土拉伦斯抗原作凝集反应，一般在1∶40即可诊断为阳性反应。

2. 类症鉴别

（1）与兔李氏杆菌病鉴别：李氏杆菌病患兔常呈现神经症状，体表淋巴结无明显变化，病料染色镜检为革兰氏阳性小杆菌。野兔热患兔一般不出现神经症状，病料染色镜检为革兰氏阴性、多形态的小杆菌。

（2）与兔伪结核病鉴别：由耶新氏杆菌引起的兔伪结核病主要病变在蚓突和圆囊（于回肠末尾）浆膜下有弥漫性或散在性灰白色、粟粒大的结节。而野兔热在上述两部分无明显的变化。将伪结核耶新氏杆菌病料接种于麦康凯培养基上，有菌落生长，而土拉伦斯杆菌不能在此培养基上生长。

3. 防治措施

（1）治疗措施：初期应用链霉素、金霉素、卡那霉素治疗均有效。链霉素每千克体重20毫克肌肉注射，每日2次，连用4日。金霉素，每千克体重20毫克，用5%葡萄糖溶液溶解后静脉注射，每日2次，连用3日。卡那霉素，每千克体重10~30毫克肌肉注射，每日2次，连用3~4日。

（2）预防措施：养兔场要注意灭鼠杀虫和驱除体外寄生虫，做好卫生防疫工作，经常进行兔舍、兔笼及用具的消毒。严禁野兔进入饲养场，引进兔时应进行隔离观察和血清学凝集试验检查，阴性者方可进入兔场。发现病兔要及时隔离治疗，无治疗效果的扑杀处理，尸体及分泌物和排泄物深埋或烧毁，并彻底消毒。未发病兔可应用凝集反应进行普查，对阳性反应兔应做扑杀处理，疫区可试用弱毒菌苗预防接种。人在屠宰病兔和剥皮时有被传染的危险，应引起注意。

五、兔李氏杆菌病

本病是家畜、家禽、鼠类及人共患的传染病，兔感染本病后以突然发病死亡或流产为特征。病原体李氏杆菌是革兰氏阳性的细长小杆菌，对周围环境的抵抗力很强，在青贮饲料、干草、土壤、粪便中能生存很长时间，能耐食盐和碱，但常用的消毒药能将其杀死，对温度抵抗力不强。

1. 诊断要点

（1）流行特点：各种家畜、家禽和野生动物都可自然感染本病。因此，本病的传染源特别多。病畜和带菌动物的分泌物及排泄物污染的饲料、用具、水源和土壤，经消化道、呼吸道、眼结膜、损伤的皮肤及交配而传染。啮齿动物是本菌在自然界中的贮存宿主，吸血昆虫也可成为传播媒介。本病多为散发，有时呈地方性流行，发病率低，死亡率高，幼畜和妊娠母畜易感性高。

（2）临床症状：潜伏期为2～8日。病兔表现分为急性、亚急性和慢性3种类型。

①急性型：多发生于幼兔，病兔体温升高可达40℃以上，精神沉郁，不食，鼻腔黏膜发炎，流出浆液性或黏液性分泌物，几小时或1～2日死亡。

②亚急性型：主要表现为中枢神经机能障碍，做转圈运动，头颈偏向一侧，运动失调，怀孕母兔流产或胎儿干化，一般经4～7日死亡。

③慢性型：病兔主要表现为子宫炎，发生流产并从阴道内流出红色或棕色的分泌物，出现中枢神经机能障碍等症状。

（3）病理变化：急性或亚急性死亡的家兔，剖解可见肝脏有散在性或弥漫性、针头大的淡黄色或灰白色的坏死点。心肌、肾、脾也有相似变化，淋巴结肿大或水肿，胸、腹腔或心包内有多量清澈的液体，皮下水肿。肺出血性梗死或水肿。慢性病例除上述相同病变外，子宫内积有脓性渗出物或暗红色的液体。妊娠兔子宫内有变性胎儿或灰白色凝乳块状物，子宫壁增厚，有坏死病灶。有神经症状的病例，脑膜和脑组织充血或水肿。

（4）实验室检查：病兔采血进行血液检查，可见单核白细胞显著增加，可达细胞总数的30%～50%。采取肝、肾、脾、淋巴结、脑、胎儿或阴道分泌物等病料涂片，染色检查为革兰氏阳性（呈紫色）的小杆菌。病料接种于2%葡萄糖鲜血琼脂培养基，可生长出β溶血的小菌落。以病料稀释液或被检菌株的培养物接种家兔或豚鼠：家兔子接种后1～5日内死亡，病变与自然感染的病例相似；豚鼠于24～48小时死亡，呈败血症变化。病料悬滴于兔或豚鼠的结膜囊内，1日后发生结膜炎，并呈败血症死亡（图4-4）。

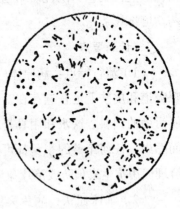

图4-4　兔李氏杆菌病病原

2. 类症鉴别

兔李氏杆菌病应与兔巴氏杆菌病、野兔热及兔沙门氏菌病等相区别，其区别点可参见兔巴氏杆菌病和兔魏氏梭菌病的类症鉴别。

3.防治措施

（1）治疗措施：早期应用下述药物，有一定的治疗效果。患兔可用新霉素、青霉素、四环素、金霉素和磺胺嘧啶治疗，均有一定疗效。病兔群可用新霉素或青霉素混合于饲料中，每只兔2万~4万单位，每日饲喂3次，能有效地控制本病的流行和发生。

（2）预防措施：严格执行兽医卫生防疫制度，搞好环境卫生。正确处理粪便；消灭环境中的鼠类。管好饲草、饲料、水源，防止污染，饮用漂白粉消毒水；做好灭鼠工作，防止野兔以及其他家禽家畜进入兔场；一旦发现病兔或可疑病兔，应立即进行隔离治疗或淘汰，彻底消毒兔笼和用具。对有病史的兔群或流产和长期不孕的家兔，采用血液检查，因单核白细胞的增加是李氏杆菌病隐性传染的结果，由于李氏杆菌对人具有感染性，因此在剖检病兔和可疑病兔时，必须注意防护，工作完毕后双手消毒，尸体和排泄物深埋或烧毁。

六、兔绿脓假单胞菌病

本病是兔的一种散发性流行的传染病，又称绿脓杆菌病，以发生出血性肠炎及肺炎为特征。病原为绿脓假单胞菌，是一种多形态的细长、中等大杆菌，革兰氏染色为阴性。本菌的抵抗力比一般革兰氏阴性菌强，但常用消毒药均可将其杀死。

1.诊断要点

（1）流行特点：病原体广泛分布于土壤、水和空气中，在人畜的肠道、呼吸道和皮肤上也普遍存在。因此，病畜及带菌动物的粪便、尿液和分泌物所污染的饲料、饮水和用具是本病的主要传染源。经消化道、呼吸道及伤口而感染，任何年龄的家兔都可发病。一般为散发，无明显的季节性。有时不合理使用抗生素预防或治疗兔病，也可诱发本病。

（2）临床症状：病兔突然减食或不食，精神高度沉郁，呼吸困难，气喘，体温升高，下痢，排出血样的稀粪，24小时左右死亡。有的病兔生前无任何症状，死后剖检才见有病理变化。

（3）病理变化：剖检可见病兔胃内有血样液体，肠道内，尤其是十二指肠、空肠黏膜出血，肠腔内充满血样液体；腹腔有多量液体；脾脏肿大，呈樱桃红色；肺有点状出血，有的病例肺肿大，呈深红色、肝样变。有些病例在肺部以及其他器官形成淡绿色或褐色黏稠的脓液。

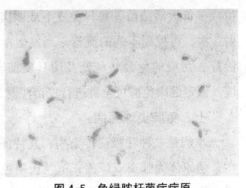

图4-5　兔绿脓杆菌病病原

（4）实验室检查：采取粪便、呼吸道分泌物、脓液及病变器官等为被检材料，接种于普通琼脂平板和麦康凯琼脂平板培养基上进行细菌学分离（图4-5），并以纯培养物作生化鉴定及动物实验，予以确诊。

2．类症鉴别

（1）与兔魏氏梭菌病鉴别：魏氏梭菌病病兔剖检时可见胃黏膜有黑色溃疡，盲肠浆膜有鲜红色血斑，而兔绿脓假单胞菌病无此病变。病料涂片、染色镜检为革兰氏阳性大杆菌。病料接种于鲜血琼脂平板和熟肉汤培养基上，厌氧培养，在鲜血琼脂平板培养基上见有双溶血圈菌落和在熟肉汤培养基上见有大量气体产生，为魏氏梭菌，绿脓假单胞菌在厌氧条件下培养不生长。

（2）与兔泰泽氏病鉴别：兔绿脓假单胞菌病剖检时胃和小肠肠腔内有血样内容物，脾脏肿大，肺有点状出血等病变，泰泽氏病无此变化。以病料接种于鲜血琼脂平板培养基，如呈溶血的菌落，菌落及周围培养基呈蓝绿色，即为绿脓假单胞菌；如为阴性则是泰泽氏病的毛发状芽胞杆菌。

3．防治措施

（1）治疗措施：多黏菌素，兔每千克体重1万单位，分2次肌注，连用3～5天；新霉素，兔每千克体重2万～3万单位，每日2次，连用3～5天；环丙沙星，兔每千克体重2.5～5毫克，肌肉注射，每日2次；甲磺胺嘧啶每千克体重0.2克混于饲料内喂给，一般连续喂3～5日，疗效良好。新霉素，每千克体重2万～3万单位，每日2次，连续使用3～4日，有一定的疗效。由于本菌易产生抗药性，药物治疗时，应先进行药物敏感试验，选择杀菌效果好的药物，以便获得满意的治疗结果。

（2）预防措施：平时搞好饮水和饲料卫生，防止水源及饲料污染。做好防鼠与灭鼠工作，防止鼠粪污染。有本病史的兔场，可用绿脓假单胞菌单价或多价灭活菌苗，每只兔皮下或肌肉注射1毫升，免疫期为半年，每年注射2次，可控制本病的流行。当发生本病时，对病兔及可疑病兔要及时隔离治疗，污染的兔舍、兔笼及用具要彻底消毒，死亡兔及污物一律烧毁或深埋。假定健康兔群可全群进行疫苗注射，以防疫病扩大蔓延。

七、兔肺炎球菌病

本病是一种呼吸道传染病，其特征为体温升高，咳嗽，流鼻涕和突然死亡。病原体为肺炎双球菌，革兰氏染色阳性，菌体呈矛状，即两个菌体细胞平面相对，尖端向外。本菌抵抗力不强，热和一般消毒药能很快将其杀死。

1. 诊断要点

（1）流行特点：病兔、带菌兔及带菌的啮齿动物等是主要的传染源，由被污染的饲料和饮水等经胃肠道或呼吸道传染，也可经胎盘传染。怀孕兔和成年兔多发，且常为散发，幼兔呈地方性流行。

（2）临床症状：病兔常呈感冒症状，表现精神沉郁，发热咳嗽，喘气，食欲停止，眼红流泪，流鼻涕，呈败血症病变，幼兔患病常突然死亡。

（3）病理变化：剖检见气管和支气管黏膜充血及出血，管腔内有粉红色黏液和纤维素性渗出物。肺部有大片的出血斑或水肿、脓肿。多数病例呈纤维素性胸膜炎和心包炎，心包与肺或与胸膜之间发生粘连。肝脏肿大，呈脂肪变性，脾脏肿大（图4-6）。子宫和阴道黏膜出血。

图4-6　兔肺炎链球菌病

（4）实验室检查：采取病变器官或脓液作涂片革兰氏染色，镜检有两端呈矛状的革兰氏阳性球菌；脓液染色见有短链状革兰氏阳性球菌。病料接种于鲜血琼脂培养基进行细菌分离，取可疑菌落作纯培养可供生化、动物接种及血清学鉴定。

2. 类症鉴别

（1）与兔波氏杆菌病鉴别：波氏杆菌病的临床症状、病理变化与兔肺炎球菌病非常相似，鉴别诊断主要靠细菌学检查。将脓性分泌物涂片，染色镜检，如见有革兰氏阴性、多形态的小杆菌为支气管败血波氏杆菌。病料接种于普通琼脂平皿培养基上，形成较大菌落的为支气管败血波氏杆菌，肺炎球菌在普通琼脂平皿培养基上不能生长，还可进一步做生化鉴定加以区别。

（2）与兔巴氏杆菌病鉴别：患巴氏杆菌病的兔肝脏有坏死灶，病料涂片、染色镜检，为革兰氏阴性卵圆形两极浓染的小杆菌。病料接种在鲜血琼脂培养基上形成无溶血小菌落的为巴氏杆菌。

3. 防治措施

（1）治疗措施：采用中西药结合疗法，效果明显。具体方法是：对病兔先用青霉素或新霉素按每千克体重4万~8万国际单位进行肌肉注射，每日2次。再服中草药：银花、连翘、竹叶各8克，豆豉、牛蒡子、荆芥、薄荷、橘梗、甘草各6克。用水200毫升煎为20%浓度的药液，加入糖适量，每只每次灌服15~20毫升，每日3次。或用金银花30克，板蓝根20克，煎汁内服，每只每次服15毫升，每日3次。实践表明，采用以上方法治疗家兔肺炎球菌病，疗效显著，治愈率可达98%。也可采用血清疗法：抗肺炎双球菌高免血清，每只兔10~15毫升，加入青霉素或新生霉素4万~8万单位皮下注射，每日1次，连用3日，疗效明显。

（2）预防措施：主要是加强饲养管理，坚持兽医卫生防疫制度，搞好清洁卫生，定期消毒，防止兔舍内温度忽高忽低；加强营养，喂兔的饲料要保证清洁、新鲜、多样化；严防带入传染源。发现病兔或可疑病兔，立即隔离治疗；对场地、兔舍、兔笼及用具及周边环境做到每周彻底消毒一次。受威胁兔群可使用药物进行预防性治疗。

八、兔链球菌病

本病是由一种溶血性链球菌引起的急性败血症。溶血性链球菌为革兰氏阳性球菌，主要危害幼兔。

1. 诊断要点

（1）流行特点：溶血性链球菌寄生于健康兔的呼吸道、口腔和阴道中，在自然界中分布很广。因此，病兔与带菌兔是主要传染源。病兔的分泌物和排泄物污染饲料、饮水、用具及周围环境，经健康兔的上呼吸道黏膜或扁桃体而传染。当饲养管理不当、受寒感冒、长途运输等应激因素使机体抵抗力降低时，可诱发本病。一年四季均可发生，但以春秋两季多见。

（2）临床症状：此病多为急性经过，病兔往往在24小时内看不见任何症状便死亡。头天下午和晚上还见兔精神、食欲正常，第二天早上就发现其死亡，有的兔上午采食正常，下午便死亡。病情较轻的兔初期精神沉郁，食欲减退，少食或不食，体温升高，呼吸困难，间歇性下痢等（图4-7）。

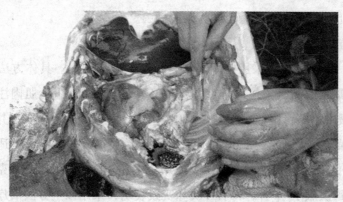

图 4-7　兔链球菌病

（3）病理变化：剖检病死兔，可见皮下组织出血性浆液性浸润，实质脏器点状出血，肠黏膜弥漫性出血，肠内壁点状或斑状出血，脾肿大，肝、肾脂肪变性；脑膜充血、出血。

（4）实验室检查：取病死兔的肝、脾、脑等病料，涂片，革兰氏染色，显微镜下观察可看到单个、短链排列的革兰氏阳性菌；无菌采取肝、脾、脑等病料接种普通肉汤、普通琼脂和鲜血琼脂培养基，37℃培养16~24小时。普通肉汤均匀混浊，管底有少量沉淀，振荡后散开；血液琼脂平板菌落周围有界限分明的无色透明的溶血环；普通琼脂平板菌落生长不良。取分离菌涂

图 4-8　兔链球菌病毒原

片镜检，可见大量呈短链或长链状排列的革兰氏阳性菌（图4-8）。

（5）生化试验：用肉汤培养物进行生化试验，该菌能发酵水杨苷、蔗糖、麦芽糖、甘露醇，产酸不产气，不发酵乳糖，VP试验阳性，不能利用枸橼酸盐，不产生H_2S。

2．类症鉴别

（1）与兔葡萄球菌病鉴别：葡萄球菌病常使各个器官形成脓灶，将脓汁涂片染色镜检，可见革兰氏阳性葡萄状的球菌，病料接种于鲜血平皿培养基上，菌落大，呈金黄色的为葡萄球菌；菌落细小，半透明、灰白色的为链球菌。

（2）与兔肺炎球菌病鉴别：肺炎球菌病多以肺水肿、脓肿、纤维素性胸膜炎、心包炎为特征。镜检见革兰氏阴性球菌，菌体呈矛状。接种于鲜血琼脂培养基上，菌落形态较扁平，呈绿色溶血（α溶血）。而兔链球菌在鲜血琼脂培养基上，菌落形态圆形，光滑，灰白色的细小菌落，周围形成透明的溶血环（β型）。

3．防治措施

（1）治疗措施：青霉素，每兔5万～10万单位，肌肉注射，每日2次，连续3～4日。红霉素，每兔50～100毫克，肌肉注射，每日3次，连用3日。先锋霉素Ⅱ，每千克体重20毫克，肌肉注射，每日2次，连用5日。磺胺嘧啶钠，每千克体重0.2～0.3克，内服或肌肉注射，每日2次，连用4日。如发生脓肿，切开排脓，用2%洗必泰溶液冲洗，涂碘酒或碘仿磺胺粉，每日1次。

（2）预防措施：平时加强饲养管理，防止受凉感冒，减少诱发因子。发现病兔立即隔离治疗，兔舍、兔笼及场地用3%来苏尔液或1/300菌毒敌全面消毒，用具用0.2%农乐消毒，未发病的兔可用磺胺类药物预防。

九、兔葡萄球菌病

本病是由金黄色葡萄球菌引起的一种常见病，病的特征为致死性脓毒败血症和各器官各部位的化脓性炎症。葡萄球菌为革兰氏阳性卵圆形的球形菌，能产生8种毒素。对外界环境的抵抗力较强，在干燥脓汁或血液中可生存数月，80℃30分钟方能杀死。在常用消毒药中，以3%～5%石炭酸溶液消毒效果最好，70%酒精在数分钟内可将其杀死。

1．诊断要点

（1）流行特点：金黄色葡萄球菌广泛存在于空气、饲料、饮水及土壤、物体的表面，动物的皮肤、黏膜、肠道、扁桃体和乳房等处也有寄生。经创口及天然孔道，或直接接触感染。人和动物都有易感性，以兔最为敏感。

（2）临床症状：病的潜伏期为2～5日。临床上常见的病症如下。

①仔兔脓毒败血症：仔兔出生后2～3日，皮肤上出现粟粒大的脓肿，多数病例在2～5日呈败血症死亡。少数病例的脓疱逐渐变干、消失而痊愈。发病窝的母兔也患有本病。

②仔兔急性肠炎：仔兔吃了患乳房炎母兔的乳汁而引起急性肠炎，一般全窝发生，病兔肛门周围被毛污秽、腥臭，昏睡，体衰软弱，经2～3日死亡，死亡率很高。

③脓肿：全身各器官、部位都能发生。病变部初期红肿、硬实，后形成脓肿，大小不等，数目不一。皮下脓肿经1～2个月自行破溃，流出脓汁，破溃口经久不愈。脓液通过抓伤和血流扩散到其他部位，当脓肿向内破溃时，可引起全身性感染，呈败血症，病兔很快死亡。

④乳房炎：常见于母兔分娩后最初几天。由乳头和乳房皮肤损伤而感染。急性乳房炎时，病兔体温升高，精神沉郁，不食，乳房肿胀，呈紫红色或蓝紫色。乳汁中混有脓液或血液，慢性乳房炎时，乳头或乳房实质局部形成大小不一的硬块，后变为脓肿。

⑤脚皮炎：常见于后肢区侧面皮肤。开始充血、肿胀、脱毛，继而形成久而不愈的溃疡。病兔行动困难，食欲减退，消瘦。有时转成全身性感染，呈败血症死亡。

⑥呼吸道感染：引起鼻炎，病兔用爪搔抓鼻部，又可引起眼炎、结膜炎。

（3）病理变化：病兔不同部位皮下和内脏器官有数量不等、大小不一的脓疱，疱膜完整，内含浓稠的乳白色脓液，或破溃而流出脓汁。

（4）实验室检查：无菌方法取脓疱内脓液或小肠内容物作涂片，染色镜检可见革兰氏阳性、卵圆形葡萄状或短链状的球菌（图4-9）；病料接种于鲜

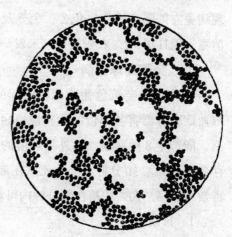

图4-9　兔葡萄球菌病病原

血琼脂培养基，菌落呈金黄色，有溶血环；以培养物给健康兔皮下注射1毫升，能引起局部皮肤溃疡与坏死，可作出确诊。

2．防治措施

（1）治疗措施

①全身疗法：新青霉素Ⅱ，每千克体重10～15毫克，内服或肌肉注射，每日2次，连用4日；卡那霉素，每千克体重5～15毫克，肌肉注射，每日2次，连用4日；金霉素，每只兔100毫克口服，每日1次，连用4日；内服磺胺嘧啶或长效磺胺也有一定的效果。

②局部疗法：局部脓肿与溃疡按常规外科处理，涂擦5%龙胆紫酒精溶液，或碘酒、5%石炭酸溶液、青霉素软膏、红霉素软膏等药物。

（2）预防措施

①保持兔笼、产箱与运动场的清洁卫生，清除所有的锋利物品如钉子、铁丝头、木屑尖刺等，以免引起家兔的创伤。笼饲不能拥挤，把喜欢咬斗的兔分开饲养。哺乳母兔笼内要用柔软、干燥、清洁的垫草，以免新生仔兔的皮肤擦伤。

②观察母兔的泌乳情况，适当调剂精料与多汁饲料的比例，防止母兔发生乳房炎。

③刚产出的仔兔用3%碘酒、5%龙胆紫酒精或3%结晶紫石炭酸溶液等涂擦脐带开口部，防止脐带感染。发现皮肤与黏膜有外伤时，应及时进行外科处理。

④患病兔场母兔在分娩前3～5日，饲料中添加土霉素粉，每千克体重20～40毫克，或磺胺嘧啶每只兔0.5克，可预防本病的发生。

⑤患病兔场，可用金黄色葡萄球菌培养液制成菌苗，对健康兔每只皮下注射1毫升，可预防本病的流行。

十、兔棒状杆菌病

本病是由鼠棒状杆菌和化脓棒状杆菌所引起的一种慢性传染病，其特征为实质器官病变及皮下形成小化脓灶。病原体为革兰氏阳性、正直或微弯曲多形态的棒状杆菌。本菌对外界环境的抵抗力不强，57℃可迅速将其杀死，对一般消毒剂敏感。

1. 诊断要点

（1）流行特点：本菌广泛分布于自然界中，家兔易感性强。主要通过污染的土壤、垫草与剪毛或其他原因发生的外伤接触感染，或通过污染的饲料、饮水等经消化道感染，本病常为散发。

（2）临床症状：病兔常无明显症状而逐渐消瘦，食欲不佳，皮下发生脓肿和变形性关节炎等。

（3）病理变化：剖检可见病兔的肺和肾脏有小脓肿病灶，皮下也有脓肿病灶，切开脓肿后流出淡黄色干酪样脓液。

（4）实验室检查：以脓液涂片，革兰氏染色镜检，可见有多形态的一端较粗大呈棒状的革兰氏阳性杆菌。病料接种于鲜血琼脂培养基和亚硒酸钠琼脂培养基，于37℃24～48小时培养，前者的菌落呈细小 β 或 α 溶血；后者则为微黑色小菌落。必要时还可进一步作生化鉴定及动物试验，予以确诊。

2. 类症鉴别

棒状杆菌病与兔波氏杆菌病均能引起肺形成化脓病灶，应注意鉴别诊断。如将脓液作涂片革兰氏染色镜检，支气管败血波氏杆菌为革兰氏阴性、多形态小杆菌。病料接种于麦康凯琼脂平板和鲜血琼脂平板，支气管败血波氏杆菌在上述两种培养基上均能生长，呈灰白色菌落。必要时可进一步作生化鉴定，以便区别。

3. 防治措施

（1）治疗措施

①抗生素治疗：硫酸链霉素注射液30万～50万国际单位，1次肌肉注射，每日2次，连用5～7天；莫能菌素50毫克，混入1千克饲料中喂服，连喂7天，预防量减半；

②中药治疗：黄连18克、黄柏18克、大黄15克、黄芩45克、甘草24克。研成细末，每次2克，喂服。每日2次，连喂3～5天。

（2）预防措施：主要是加强饲养管理，严格执行兽医卫生防疫制度，搞好卫生，定期消毒，防止发生外伤感染。一旦发生外伤感染应立即涂碘酒或龙胆紫，以防伤口感染。

十一、兔坏死杆菌病

本病是兔的一种散发性传染病，以皮肤、皮下组织（尤其是面部、头部与颈部）、口腔黏膜的坏死、溃疡和脓肿为特征。病原为一种革兰氏阴性的多形态坏死杆菌。

1. 诊断要点

（1）流行特点：坏死杆菌广泛分布于自然界，也存在于健康动物的扁桃体和消化道中，因此，被病兔及带菌兔的分泌物、排泄物污染的外界环境可成为传染源。主要经损伤的皮肤、口腔与消化道黏膜而传染。多为散发，如存在诱发疾病的因素很多，也可呈地方流行性发生，幼兔比成年兔易感性高。

（2）临床症状：病兔停止采食，流涎，体重迅速减轻。唇部、口腔黏膜和齿龈、脚底部、四肢关节及颌下、颈部、面部以至胸前等处的皮肤和皮下组织发生坏死性炎症，形成脓肿、溃疡病灶破溃后散发恶臭气味。

（3）病理变化：剖检见口腔黏膜、齿龈、舌面、颈部和胸前皮下、肌肉坏死。淋巴结尤其是颌下淋巴结肿大，并有干酪样坏死病灶。多数病例在肝、脾、肺等处见有坏死灶和胸膜炎、心包炎，四肢有深层溃疡病变，坏死组织有特殊臭味。

（4）实验室检查：生前采取病变与健康组织交界处的皮肤、黏膜及组织；死后采取肝、脾、肺、淋巴结等病料作被检材料。以病料涂片染色镜检，易发现坏死杆菌（图4-10）。

用病变组织或培养物给动物皮下接种，于注射后8~20日死亡，并可见到注射部位发生坏死，上述方法均可确诊。

2. 防治措施

（1）治疗措施：首先彻底除去坏死组织，口腔以0.1%高锰酸钾溶液冲洗，然后涂擦碘甘油每日2次。其他部位可用3%双氧水或5%来苏尔冲洗，然后涂5%鱼石脂酒精或鱼石脂软膏。当患部出现溃疡时，在清理创面后，涂

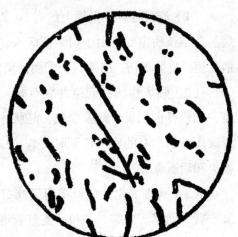

图4-10　兔坏死杆菌病病原

擦红霉素软膏或青霉素软膏。

全身治疗可用青霉素每千克体重4万单位腹腔注射，每日2次，连用4日。土霉素每千克体重20~40毫克，以专用溶媒溶解后肌肉注射，每日2次，连用3日。

（2）预防措施：加强饲养管理，兔舍要光线充足、干燥和保证空气流通，保持清洁卫生。除去兔笼内的锐利物，防止损伤皮肤。如皮肤已损伤，应及时治疗，防止感染。引进兔种要严格检疫，隔离观察。兔群中一旦发病，要及时隔离治疗，普遍检疫，清扫兔舍，彻底消毒，防止扩大传染。

十二、兔结核病

本病是由结核杆菌引起的一种慢性传染病，以肺、消化道、肾、肝、脾与淋巴结的肉芽肿性炎症及非特异性症状（如消瘦）为特征。兔结核病的病原主要是牛型结核杆菌，禽型和人型结核杆菌也能引起兔发病。结核杆菌对外界因素的抵抗力很强，在水、土壤、粪便中能生存5个月以上，不怕干燥与湿冷，但对温度特别敏感，一般消毒药可将其杀死。

1. 诊断要点

（1）流行特点：世界上约有50多种哺乳动物、25种禽类及人易感结核病。兔结核病主要是由于与结核病人、牛和鸡直接或间接接触，经呼吸道、消化道、皮肤创伤、脐带、交配而传染；有时也可经子宫内传染。

（2）临床症状：病兔食欲不振，消瘦，被毛粗乱，咳嗽喘气，呼吸困难，黏膜苍白，眼睛虹膜变色，晶状体不透明，体温稍高。患肠结核的病兔有腹泻症状。有的病例常见肘关节、膝关节和蹄关节骨髓变形，甚至发生脊椎炎和后躯麻痹。

（3）病理变化：病尸消瘦呈淡黄色至灰色。结核结节通常发生在肝、肺、肾、肋膜、腹膜、心包、支气管淋巴结、肠系膜淋巴结等部位，脾脏结核较为少见。结核结节具有坏死干酪样中心和纤维组织包囊。肺结核病灶可发生融合，形成空洞。

（4）实验室检查：取新鲜结核结节病灶切片，用抗酸染色法染色镜检，可见细长丝状、稍弯曲的红色结核杆菌。或以病料进将细菌培养，作病原的分离与鉴定，即可确诊（图4-11）。

2. 类症鉴别

注意与兔伪结核病相区别。兔伪结核病主要病变在盲肠蚓突和圆囊浆膜下有乳脂样结节，有的病例脾脏也有结节，结节内容物为灰白色乳脂样物。以结节内容物涂片，用抗酸染色法染色，伪结核耶新氏杆菌为非抗酸菌。如将病料培养于麦康凯培养基上，生长者为伪结核耶新氏杆菌，而结核杆菌在此培养基上不能生长。内脏涂片镜检，可见两极染色多形态革兰氏阴性小杆菌，此为伪结核杆菌。

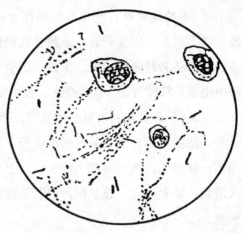

图4-11 兔结核菌病病原——结核分枝杆菌

3. 防治措施

本病的治疗意义不大。防治重点是加强饲养管理，严格兽医卫生防疫制度，定期消毒兔舍、兔笼和用具等。兔场要远离牛舍、鸡舍和猪圈，并防止其他动物进入兔舍，严禁用结核病牛、病羊的乳汁喂兔，结核病人不能当饲养员，新引进的兔经检疫无病，并通过一段时间的隔离观察，方能进入兔群。发现可疑病兔要立即淘汰，污染场所彻底消毒，严格控制传染源就可保持兔群的健康。

十三、兔伪结核病

本病是由伪结核耶新氏杆菌引起的兔的一种慢性消耗性传染病。病的特征为肠道、内脏器官和淋巴结出现干酪样坏死结节。伪结核耶新氏杆菌为革兰氏阴性、多形态的球状短杆菌。本菌的抵抗力不强，一般消毒剂均能杀死。

1. 诊断要点

（1）流行特点：病原在自然界中分布甚广，感染动物和啮齿动物是其自然贮存宿主和传染源。一般通过被污染的饲料和饮水经消化道感染，也可经皮肤、呼吸道和交配传染。主要侵害啮齿动物，其他哺乳动物、禽类和人也能感染。本病多散发，有时也引起地方性流行。动物营养不良，卫生条件不好及寄生虫病等可促使本病发生。

（2）临床症状：病兔呈现慢性下痢，食欲减退，精神沉郁，进行性消瘦，被毛粗乱，极度衰弱。多数有化脓性结膜炎，腹部触诊可感到肿大的肠系膜淋巴结和肿硬的蚓突。少数病例呈急性败血性经过，表现为体温升高，呼吸困难，精神沉郁，食欲废绝，很快死亡。

（3）病理变化：可见尸体消瘦，圆囊肿大，浆膜下有大量针帽大黄白色结节，浆膜增厚；蚓突肿大似小香肠，其浆膜下有无数灰白色乳脂样大的小结节；脾肿大，较正常肿大约5倍。上有多量黄白色针帽至粟粒大结节；肝大质粗；胆囊肿大，充盈胆汁；肠系膜淋巴结肿大，其他脏器未见有可视性病变。

（4）实验室检查：采取淋巴结、内脏器官及粪便作为病料涂片，染色镜检，伪结核耶新氏杆菌为革兰氏阴性、多形态小杆菌。病料用麦康凯培养基进行病原的分离与鉴定，必要时用凝集反应与绵羊红细胞间接凝集试验进行确诊。

2. 类症鉴别

（1）与兔结核病鉴别：结核病的结节很少发生于蚓突和圆囊的浆膜下。若取病料涂片染色镜检，结核杆菌为革兰氏阳性菌，并具有抗酸染色特性。

（2）与兔沙门氏菌病鉴别：沙门氏菌病兔在盲肠和结肠黏膜及肝脏有弥漫性灰白色、粟粒大的结节。将病料接种于麦康凯琼脂培养基，可见光滑、圆形、半透明的灰白色小菌落。以沙门氏杆菌多价血清和"O"型因子血清与培养物作凝集试验为阳性，可与伪结核病相区别。

（3）与球虫病鉴别：急性肠球虫病肠黏膜增厚、充血，小肠充满大量黏液和少量气体。慢性肠球虫病，肠黏膜有数量不等的圆形、粟粒大小的淡黄色结节。但蚓突和圆囊不肿大，浆膜无结节病灶，肝、脾、肾、肠系膜淋巴结无结节病灶。病料低倍显微镜检查，见球虫卵囊，可作为区别诊断依据。

3. 防治措施

（1）治疗措施：病兔初期用抗生素治疗，有一定的疗效。链霉素，每千克体重20毫克，肌肉注射，每日2次，连用3～5日，卡那霉素，每只兔100～250毫克，肌肉注射，每日2次，连用3～5日。

（2）预防措施：加强饲养管理和卫生工作，定期消毒，灭鼠，防止饲料、饮水与用具的污染。引进兔要隔离检疫，严禁带入传染源，平时对兔群可用血清凝集试验和红细胞凝集试验进行检疫，淘汰阳性兔，消除传染源，培养健康兔群。发现病兔立即隔离治疗，无治疗效果的要坚决淘汰。兔舍、兔笼和用具彻底消毒。应用伪结核耶新氏杆菌多价灭活菌菌进行预防注射，每兔颈部皮下或肌肉注射1毫升，免疫期达4个月以上，每兔每年注射2次，可控制本病的发生与流行。

十四、兔沙门氏菌病

兔的沙门氏菌病是兔的一种消化道传染病，主要侵害怀孕母兔，以败血症急性死亡、腹泻与流产为特征。病原为鼠伤寒沙门氏杆菌和肠炎沙门氏菌，本菌对外界环境抵抗力较强，但对消毒药物的抵抗力不强，3%来苏尔水、5%石灰乳及福尔马林溶液等能于几分钟内将其杀死。

1. 诊断要点

（1）流行特点：本病主要发生于怀孕25日以后的母兔，其发病率高达57%，流产率为70%，致死率为44%。其他兔很少发病死亡。其传染方式有2种：一种是健康兔吃或饮了被污染的饲料、饮水而感染发病；另一种是健康兔肠道内寄生有本菌，平常不显症状，当饲养管理不良，气候突变，卫生条件不好，或患有其他疾病等，使机体抵抗力减弱，病原体趁机繁殖，毒力增强而引起发病。本病主要经消化道感染，或内源性感染；幼兔也可经子宫内及脐带感染。

（2）临床症状：该病潜伏期为3～5天。多数病兔腹泻并排出有泡沫的黏液性粪便，体温升高，废食，渴欲增加，消瘦。母兔从阴道排出黏液或脓性分泌物，阴道潮红、水肿，流产胎儿皮下水肿，很快死亡。孕兔常于流产后死亡，康复兔不能再怀孕产仔。

（3）病理变化：败血症病兔胸、腹腔脏器有淤血点，腔中有多量浆液或纤维素性渗出物。流产病兔子宫肿大，浆膜充血，并有化脓性子宫炎，局部覆盖一层淡黄色纤维素性污秽物，子宫有的出血或溃疡。未流产的病兔阴道充血，腔内有脓性分泌物，肝脏有弥漫性或散在性淡黄色芝麻粒大的坏死灶，胆囊肿大，肝脾肿大呈暗红色。肾脏有散在性针头大的出血点，消化道水肿。

（4）实验室检查：以无菌操作取子宫、阴道分泌物、肝脏或流产胎儿内脏器官作被检材料，进行细菌分离培养鉴定或免疫荧光实验，也可用已知诊断抗原与被检血清作试管凝集反应，予以确诊。

2．类症鉴别

应注意与兔李氏杆菌病相区别。李氏杆菌除能引起怀孕母兔流产外，还有神经症状，尤其是慢性病例呈头颈斜歪，运动失调。病料涂片染色镜检，李氏杆菌为革兰氏阳性的小杆菌。与兔伪结核病鉴别，详见兔伪结核病。

3．防治措施

（1）治疗措施：在加强饲养管理的基础上进行治疗，注意使用足够的药量，适当维持用药时间。

①抗生素疗法：首选药物为链霉素，每只兔 0.1～0.2 克，肌肉注射，每日分 2 次注射，连用 3～4 日；内服，每只兔 0.1～0.5 克，每日 2 次，连用 3～4 日。

②磺胺疗法：琥珀酰磺胺噻唑（SST），每日每千克体重 0.1～0.3 克，分 2～3 次内服。磺胺脒（SG），每千克体重 0.1～0.2 克，每日分 2 次服用，连用 3 日。

③大蒜疗法：取洗净的大蒜充分捣烂，1 份大蒜加 5 份清水，制成 20% 的大蒜汁。每只兔每次内服 5 毫升，每日 3 次，连用 5 日。

（2）预防措施：加强兔群的饲养管理，搞好环境卫生，严防怀孕母兔与传染源接触。定期应用鼠伤寒沙门氏菌诊断抗原普查兔群，对阳性兔进行隔离治疗，兔舍、兔笼和用具等彻底消毒，消灭老鼠与苍蝇。兔群发生本病时，要迅速确诊，隔离治疗，无治疗效果的要严格淘汰，兔场进行全面消毒。

对怀孕前和怀孕初期的母兔可注射鼠伤寒沙门氏菌灭活菌苗，每兔颈部皮下或肌肉注射 1 毫升，能有效控制本病的发生。疫区养兔场兔群可全部注射灭活菌苗，每兔每年注射 2 次，能防治本病的流行。

十五、兔大肠杆菌病（黏液性肠炎）

本病又名黏液性肠炎，是致病性大肠杆菌及其毒素引起的一种爆发性、死亡率很高的仔兔与幼兔的肠道传染病，以水样或胶冻样粪便和严重脱水为特征。大肠杆菌为革兰氏阴性卵圆形杆菌，本菌对外界环境的抵抗力中等，在水中能生存数周到数月，一般消毒药能迅速将其杀死。

1. 诊断要点

（1）流行特点：大肠杆菌在自然界分布很广，又经常存在于兔的肠道内，在正常情况下不引起发病，当饲养管理不良，气候环境突变或其他疾病如沙门氏菌病、梭菌病、球虫病等协同作用，导致肠道菌系紊乱，仔兔抵抗力降低，即引起发病。病兔体内排出的大肠杆菌，其毒力增强，污染了饲料、饮水、场地等又经消化道感染健康兔，可引起流行，造成大批死亡。本病一年四季均可发生，主要侵害20日龄及断奶前后的仔兔和幼兔，成年兔很少发生，一般群养兔发病率高于笼养兔。

（2）临床症状：潜伏期4～6日。发病初期，病兔食欲下降，被毛蓬乱，精神不振，拉两头尖的粪便。最急性病兔，不见任何症状即突然死亡。多数病兔初期精神沉郁，食欲不振，腹部膨胀，粪便细小、成串，外包有透明、胶冻状黏液，随后出现水样腹泻，肛门、后肢、腹部和足部的被毛被黏液及黄色水样稀粪沾污，病兔四肢发冷，磨牙，流涎，眼眶下陷，迅速消瘦，1～2日内死亡，死亡率极高。

（3）病理变化：胃膨大，充满多量液体和气体，胃黏膜上有出血点。十二指肠充满气体和染有胆汁的黏液。空肠、回肠、盲肠充满半透明胶冻样液体，并伴有气泡。结肠扩张，有透明胶冻样黏液。肠道黏膜和浆膜充血、出血、水肿，胆囊扩张，黏膜水肿。肝脏及心脏局部有小点坏死病灶。

（4）实验室检查：确诊需作细菌学和血清学检查。用麦康凯培养基培养结肠、盲肠内容物，可分离到纯大肠杆菌（图4-12），可用标准血清作凝集反应，确定其血清型。

2. 类症鉴别

（1）与沙门氏菌病鉴别：由沙门氏菌引起的仔兔下痢，剖检见肝脏有散在性或弥漫性、针头大、灰白色的坏死病灶，蚓突黏膜有弥漫性淡灰

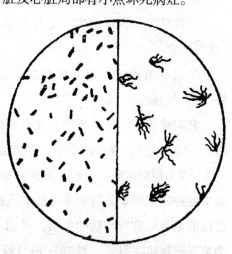

图4-12　兔大肠杆菌病病原

色、粟粒大的特征性病灶。将病料接种于麦康凯琼脂培养基，如呈无色透明或半透明较小的菌落，为沙门氏菌；呈粉红色较大的菌落为大肠杆菌。

（2）与兔泰泽氏病鉴别：兔泰泽氏病由毛发状芽孢杆菌引起断奶前后仔兔的下痢，粪便呈褐色水样，肝脏特别是肝门静脉附近肝小叶和心肌有灰白色针头大或条状的病灶，这是泰泽氏病特征性病变。病料接种于麦康凯培养基，泰泽氏病为阴性，大肠杆菌呈红色菌落。病料涂片，姬姆萨氏染色，可找到成丛的毛发状芽孢杆菌。

（3）与球虫病鉴别：由球虫引起的断奶兔下痢，可将粪便或肠内容物涂片镜检，如见有大量球虫卵囊可作出诊断。

3. 防治措施

（1）治疗措施

①按每千克体重肌注庆大霉素 3 000 单位、地塞米松 0.03 毫克，每天 2 次，连用 3～5 天。

②按每千克体重肌注庆大霉素 3 000 单位、地塞米松 0.03 毫克、复方黄连素 0.1 毫升。每天 2 次，连用 3～5 天。

③按每千克体重肌注氨苄青霉素 0.05 克、地塞米松 0.03 毫克，每天 2 次，连用 3～5 天。

④按每千克体重口服土霉素 2.5 毫克，每天 2 次，连用 3～5 天。

⑤用环丙沙星或恩诺沙星饮水，每天 2 次，连用 3～5 天。

⑥每只兔口服促菌生 2 毫升菌液（约 10 亿活菌），每日 1 次，一般服 3 次可治愈。

⑦大蒜酊疗法：每只兔每次口服大蒜酊 2～3 毫升，每日 2 次，连用 3～5 日可治愈。

⑧对症治疗：皮下或腹腔注射葡萄糖生理盐水，或口服生理盐水及收敛药等，防止脱水，保护肠黏膜，促进治愈。

（2）预防措施：平时要加强饲养管理，搞好兔舍卫生，定期进行消毒。减少各种应激因素，特别是仔兔断乳前后，饲料不能突然改变，以免引起肠道菌群紊乱。常发本病的兔场，可用本场分离的大肠杆菌制成氢氧化铝甲醛菌苗进行预防注射，一般 20～30 日龄的仔兔每只肌肉注射 1 毫升，对控制本病的发生有一定的效果。对断奶前后的仔兔，口服长效土霉素等，一般连服3~5日有预防效果。

十六、兔密螺旋体病

兔密螺旋体病又称兔梅毒病，是由兔密螺旋体引起的成年家兔和野兔的一种慢性的传染病，以外生殖器、肛门和颜面（口腔周围和鼻端）等部的皮肤和黏膜发生炎症、出现水肿、结节和溃疡及局部的淋巴发炎为特征。本病只感染兔，其他动物不受感染。

1. 诊断要点

（1）流行特点：本病只发生于家兔和野兔，病兔和痊愈带菌兔是主要传染源。交配是主要的传染途径，发病的绝大多数是成年兔，幼兔少见。但育龄母兔发病率高于公兔，放养兔和群养兔比笼养兔要高。本病一般是良性经过，一般不会死亡，但病程很长，病灶可持续数月不消失，溃疡治愈后形成星状瘢痕。

（2）临床症状：本病潜伏期15~70天。病初可见外生殖器（阴茎包皮、阴囊皮肤及阴户边缘和肛门周围）红肿（图4-13），继而形成粟粒大的小结节和溃疡，表面流出黏液性、脓性渗出物，并逐渐形成棕色痂皮。剥去痂皮，可露出溃疡面，创面湿润，稍凹下，边缘不整齐，易出血，周围组织水肿，腹股沟淋巴结肿胀。由于损害部位的痛痒，病兔抓咬使感染蔓延至

图4-13　兔密螺旋体病——阴囊水肿、皮肤呈糠麸样、龟头肿胀

鼻、眼睑、唇等部位，造成皮毛脱落，但愈合后很快长出。慢性感染部位多呈干燥鳞片状，稍有突起。本病进程缓慢可持续数月，病兔一般无异常症状，即精神、食欲、粪尿、体温等均正常，间或可见到病原侵入脊髓引发的麻痹现象。公兔患病时性欲影响不大，但患病母兔受胎率下降或不孕，其所生仔兔生活力受到影响。

（3）实验室检查：采取病变部的黏膜或溃疡面的渗出液等涂片，固定后用姬姆萨氏染色法染色。用暗视野显微镜检查见有密螺旋体可确诊（图4-14）。必要时可用健康兔做动物接种实验，以进一步确诊。

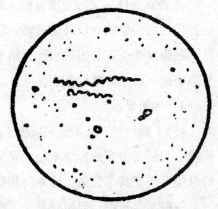

图4-14 兔密螺旋体病病原

2. **防治措施**

（1）治疗措施：患病兔可用新胂凡纳明药物，按每千克体重 40～60 毫克，以灭菌蒸馏水或 5% 葡萄糖生理盐水配成 5% 溶液进行耳静脉注射，隔 2 周后重复注射一次，同时配合青霉素每天 50 万单位分 2 次肌肉注射，连续 5 天，效果更佳。患兔局部可先用 2% 硼酸溶液、0.1% 高锰酸钾溶液冲洗后，涂擦碘甘油或青霉素软膏，据试验，经清洗后对溃疡涂擦 25% 甘汞软膏可加速愈合

（2）预防措施：无病兔群要严防引进病兔，引进新兔应隔离饲养观察1 个月，并定期检查外生殖器官，无病者方可入群饲养。配种时要详细进行临床检查或做血清学试验，健康者方能配种。对病兔和可疑病兔停止配种，隔离饲养，进行治疗，病重者应淘汰。彻底清除污物，用 1%～2% 烧碱水或2%～3% 来苏尔消毒兔笼和用具及环境等。

十七、兔泰泽氏病

本病是由在细胞浆内生长的毛发状芽孢杆菌引起的一种传染病，病的特征为严重下痢，排水样或黏液样粪便，脱水并迅速死亡，死亡率高达 95%，是养兔业的一大威胁。毛发状芽孢杆菌为细长多形性和非抗酸染色的革兰氏阴性杆菌。本菌对外界因素抵抗力较强，在土壤里可生存 1 年以上。

1. 诊断要点

（1）流行特点：本病不仅存在于多种实验动物中，而且家畜也有发生。病原随病兔粪便排出，污染周围环境、饲料及饮水，健康兔接触后通过消化道而感染。主要侵害 3～12 周龄断奶前的仔兔，成年兔也能发病。秋末至春初多发，病初呈隐性感染。当拥挤、过热、运输及饲养管理不良时，使机体抵抗力下降时，可诱发本病。

（2）临床症状：病兔发病很急，严重腹泻，粪便呈褐色糊状乃至水样，精神沉郁，食欲废绝，脱水，常在出现症状后 12～48 小时死亡。耐过病后表现食欲不振，生长停滞。

（3）病理变化：特征性的病变是盲结肠浆膜、黏膜弥漫性充血、出血，肠壁水肿，盲肠充满气体和褐色糊状或水样内容物，蚓突部有暗红色坏死灶，回肠也有类似变化。肝脏肿大，见灰白色条纹状坏死灶。脾脏萎缩，肠系膜淋巴结水肿。

（4）实验室检查：以肝坏死区、病变心肌或肠道病变部作病料涂片，用姬姆萨染液或镀银法染色镜检，证明细胞浆内存在毛发状芽孢杆菌，可以确诊。有条件的还可应用荧光抗体试验、补体结合试验及琼脂扩散试验等进行诊断。

2. 类症鉴别

注意与兔魏氏梭菌病、兔沙门氏菌病、绿脓假单胞菌病及兔大肠杆菌病进行区别。魏氏梭菌病排带血胶冻样或黑色稀粪，胃黏膜和盲肠浆膜有溃疡斑和出血斑等。病料涂片、染色镜检，见革兰氏阳性大杆菌，可与本病相区别。兔沙门氏菌病、绿脓假单胞菌病及兔大肠杆菌病的鉴别，参照有关病的内容。

3. 防治措施

（1）治疗措施：目前尚无有效的防治方法。在流行早期用抗生素治疗有一定的效果时，按 0.006%～0.01% 饲料或饮水中添加土霉素或青霉素，对控制本病的流行有一定的作用；链霉素，每千克体重20毫克肌肉注射，每日2 次，连用3～5日。青霉素与链霉素联合治疗，效果更明显。

（2）预防措施：预防本病目前尚无疫苗，因此，注意改善饲养管理，加强卫生措施，定期消毒，消除各种应激因素。在饲料或饮水中添加土霉素或青霉素，对控制本病的发生有一定的作用。发病兔群要及时隔离治疗，无治疗效果者，严格淘汰。兔舍全面消毒，排泄物发酵处理或烧毁，以控制病原菌扩散。

十八、兔毛癣病

本病是由真菌毛癣霉与小孢霉感染皮肤表面及其附属结构毛囊和毛干所引起的一种传染性皮肤病。其特征为兔的皮肤呈不规则的块状或圆形脱毛、断毛及皮肤炎症。毛癣霉的菌丝呈螺旋状、球拍状或结节状，大分生孢子呈棒状或细梭状，有2~6个横隔，小分生孢子呈葡萄串状或棒状。小孢霉的丝呈结节状或梳状，大分生孢子呈纺锤状，小分生孢子呈卵圆形或捧状。各种品种的兔均能感染，发病后直接影响皮毛的生长与质量，危害兔的健康，因而严重地影响养兔生产的经济效益，人也可感染本病，因此也是一种重要的人畜共患病。

1. 诊断要点

（1）流行特点：本病主要经健康兔与病兔直接接触，相互抓、舔，吮乳和交配等而传播，也可通过各种用具及人员间接传播。多为散发，幼龄兔比成年兔易感。潮湿、多雨、污秽的环境条件，兔舍及兔笼卫生不好，可促使本病发生。

（2）临床症状：病兔开始多发生在头部、口周围及耳部，继则感染肢端和腹下。患部以环形、突起、带灰色或黄色痂为特征，3周左右痂皮脱落，呈现小的溃疡，造成毛根和毛囊的破坏。如并发金黄色葡萄球菌或链球菌感染，常引起毛囊脓肿。另外在皮肤上也可出现环形、被覆珍珠灰（闪光鳞屑）的秃毛斑，以及皮肤炎症等变化。

（3）实验室检查：将患部用75%酒精擦洗消毒，用镊子拔下感染部被毛并用小刀刮取皮肤及皮屑。将病料放在载玻片上，加氢氧化钾液数滴，以盖玻片覆盖后，用高倍镜检查。毛癣霉感染的毛，可见孢子在毛上呈平行的链状排列，毛内外均可见到。小孢霉感染时，见孢子紧密而无规则地排列在毛干周围，好似一个管套镶嵌在被毛的外面。

2．类症鉴别

（1）与兔疥癣病鉴别：疥癣由疥螨引起，主要寄生于头部和掌部的短毛处，而后蔓延至躯干部。脱毛，奇痒，皮肤发生炎症和皲裂，从深部皮肤刮屑可检出疥螨。

（2）与营养性脱毛鉴别：营养性脱毛夏秋季多发生，呈散发，多见于成年与老年兔。皮肤无异常，断毛较整齐，根部有毛茬，多在1厘米以下。发生部位一般在大腿、肩胛两侧及头部。

3．防治措施

（1）治疗措施：首先于患部剪毛，用软肥皂溶液洗拭，以软化除去痂皮，然后涂擦10%水杨酸软膏或碘化硫油剂、制霉菌素软膏，每日涂2次。全身治疗可用灰黄霉素，按每千克体重25毫克制成水悬剂内服，每日1次，连用14日，有良好的疗效。两性霉素B，每千克体重0.125～0.50毫克，用生理盐水配成0.09%的浓度，缓慢静脉注射，隔日1次，连续5次；克霉唑片剂，每片0.25克或0.5克，每兔内服量为0.7克，分2次内服；给病兔每天服蛋氨酸（每片0.25克）和胱氨酸（每片25毫克）各1片，连服3～5天。

（2）预防措施：坚持常年消灭鼠类，兔舍、兔笼及用具保持清洁卫生，定期用2%碳酸钠溶液消毒。经常检查兔体被毛及皮肤状态，发现病兔立即隔离、治疗或淘汰。病兔停止哺乳及配种，严防健康兔与病兔接触。病兔接触过的兔笼及用具等用福尔马林（含40%甲醛）熏蒸消毒，污物及粪尿用生石灰消毒后深埋或烧毁。饲养管理人员注意防感染，同时在饲料中添加0.5%的石膏粉，连喂5～7天，并增加青绿饲料喂量。

第三节　兔的寄生虫病

一、兔球虫病

本病是家兔常发的一种流行性疾病。患球虫病的兔极易继发其他疾病。各品种的兔对球虫都有易感性，断奶后至12周龄幼兔感染最为严重，常使幼兔发育受阻，甚至大批死亡。特别是兔舍卫生条件恶劣，造成饲料与饮水遭受兔粪污染，最易促使本病的发生和传播。

1. 病原虫及生活史

兔球虫病是由寄生在胆管上皮和肠上皮细胞内的艾美耳属的各种球虫所引起。目前已知的兔球虫有 13 种，除兔艾美耳球虫寄生在胆管上皮外，其余各种都寄生于肠上皮细胞，常为混合感染。家兔各种球虫的卵囊形态多种（图4-15）。

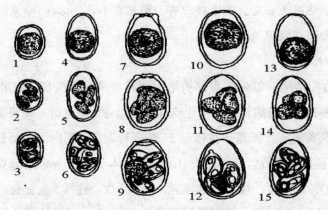

图 4-15　家兔的各种球虫卵
1~3 穿孔艾美尔球虫；4~6 中型艾美尔球虫；7~9 大型艾美尔球虫；
10~12 无残艾美尔球虫；13~15 兔艾美尔球虫

在粪便中见到的球虫叫卵囊，是球虫的一个发育阶段，显微镜观察卵囊呈无色或黄色，圆形或椭圆形，有两层轮廓的卵囊壁，随粪便新排到外界的卵囊，内含一团球形的原生质球，卵囊在合适的温度、湿度条件下，经过数天就完成其孢子的增殖过程。兔吞食了这种孢子化的卵囊便被感染。子孢子在肠道内破卵囊而出，侵入胆管上皮或肠上皮进行无性的裂体增殖，产生大量的裂殖子，裂殖子由细胞内逸出侵入上皮细胞内重新进行裂体增殖，裂体增殖进行若干世代后就出现有性的配子生殖，形成大配子和小配子，二者合为合子。合子迅速包上一层被膜，随粪便排至体外，即为粪便中所见到的卵囊。

2. 诊断要点

（1）流行特点：兔球虫病各个季节都可发生，在南方 5~7 月份，北方 7~9 月份为高发期。饲养密度大、高温、高湿地区多发。卵囊的抵抗力很强，在土壤中可存活数月，在有树荫的运动场上可存活1年以上。因此连续用陈旧兔舍和场地，残存的球虫卵可使新兔群发病。

各个品种的兔对球虫病都易感，但纯种兔、杂交兔及从外引进的兔发病较重。断奶至4月龄的幼兔最易感，感染率高死亡率也高（可达80%左右）。成年兔表现隐性感染，因此，带虫成年兔也是重要的感染来源。鼠类、昆虫以及饲养人员都可以是球虫卵囊的机械传播者。

（2）临床症状：球虫病可分为混合型、肝型及肠型3种。

①混合型：临床上多见的为混合型。主要表现为食欲骤减或拒食，精神沉郁，眼鼻分泌物多，唾液分泌增多，腹泻，或腹泻与便秘交替出现。病兔尿频常呈排尿姿势，病兔由于肠膨气、膀胱充满尿液和肝脏肿大而呈现腹围增大，肝区触诊疼痛。结膜苍白，有时黄染。后期兔往往出现神经症状，痉挛或麻痹，头后仰，四肢抽搐，尖叫死亡。死亡率一般为50%～60%，有时高达80%以上。病程大约十余日至数周，病愈后长期消瘦，生长发育不良。

②肝型：幼兔主要表现肝大。触诊肝区疼痛，腹部膨胀，有腹水，被毛粗乱易折，眼球紫，结膜黄染，后期有下痢。

③肠型：多为急性，突然死亡。主要表现为腹泻带血，后期下痢。

（3）病理变化

①肠球虫病：十二指肠、空肠、回肠和盲肠的肠壁血管充血，黏膜充血并有出血点。慢性过程中，肠黏膜上有许多小的白色结节，内含卵囊，有时可见化脓性坏死灶。

②肝球虫病：肝表面及实质内有白色或淡黄色粟粒大至豌豆大的结节病灶，取结节压片镜检，可见到各个发育阶段的球虫。慢性球虫病时，胆管和小叶间部分结缔组织增生而引起肝细胞萎缩和肝脏体积缩小。

（4）实验室检查：常用饱和盐水浮集法检查卵囊。取粪便5克左右，加入少量饱和盐水（38%食盐水）搅拌成泥状，再加饱和盐水100毫升左右，彻底搅拌，用粪筛或两层纱布滤去粪渣，上清液分装于试管或小瓶内，使液面稍凸出于管口，5～10分钟后用载玻片接触液面，加盖玻片后用显微镜检查，可见有球虫卵囊。在急性球虫病时，有时粪检不一定发现卵囊，但兔的带虫现象极为普遍，所以不能单纯依据粪中能否检出卵囊确诊是否为球虫病。

实践证明，取肝脏或肠黏膜刮取物在低倍镜下检查，常可发现大量的裂殖体、裂殖子、配子体，该法简单易行，而且准确可靠。

3．防治措施

（1）治疗措施：复方敌菌净每千克饲料添加1～1.2克，连喂1～2周；磺胺喹啉0.2%～0.3%饮水，连饮3～4周或0.05%～0.1%混入饲料，连用2周；磺胺二甲嘧啶0.5%饲料浓度，隔周喂服，3周即可，或按每千克体重0.1克量连用3天，停药1周后再用3天。

治疗兔球虫病时应注意以下几点：

①对于兔球虫病，重点应放在预防上，当已爆发球虫病并已出现临床症状时，则肝、肠已受到严重损伤（并多出现死亡），这样在短期内难以治愈。治愈后兔体重下降12%～20%，生长发育受阻。

②球虫对任何一种抗球虫药都会产生耐药性，只是不同的药产生耐药性的时间不同。所以，一个兔场连续用某一种抗球虫药一段时间后，药效就会明显下降。为避免耐药性的产生，可采用"穿梭"用药法，即在同一批兔的预防过程中换用另一种药物；或采用"轮换"用药法，通常一种药物使用6个月至2年后更换另一种药物。有些药物如球痢清和伏球很易产生抗药性，建议3～6个月就更换另一种药物。换药应注意的另一个问题是，不能在同一类药之间交换。例如，用一段时间莫能霉素再换磺胺类或伏球，而不能换同类的盐霉素，因同类药之间有交叉抗药性。

③球虫病爆发后，常并发细菌感染，出现贫血、食欲减退等症状，应注意在治疗球虫病的同时给予对症治疗。如应用抗菌素治疗并发感染，必要时耳静脉注射葡萄糖等。

（2）预防措施：兔场应建在高燥朝阳、宽敞，能排水的环境里。笼舍底面有网眼，粪便、尿液便于流出，笼外有料、水槽，并设有专用的料库房，经常清扫与定期消毒，以免造成污染。繁殖季节应安排好，母兔要避开霉雨季节产仔，成年兔和幼兔断奶后立即分开。严格检疫，不从疫区场家引进种兔或幼兔，所购兔隔离饲养观察15～20天，健康兔入群。发现病兔隔离治疗，尸体内脏烧毁、深埋，排泄物堆积发酵无害化处理，健康兔用药预防。加强饲养管理，供给全价饲料，更换草料应逐渐增减，场舍结合灭鼠杀虫的群防性工作，杜绝卵囊散布。

二、弓形虫病

本病是一种世界性分布的人畜共患原虫病，在人畜及野生动物中广泛传播，各种兔均可感染。

1．病原虫及生活史

弓形虫的整个发育过程需两个宿主。猫是弓形虫的终末宿主，在猫小肠上皮细胞内进行类似于球虫发育的裂体增殖和配子生殖，最后形成卵囊随猫粪便排出体外，卵囊在外界环境中经过孢子增殖发育为含有两个孢子囊的感染性卵囊。

弓形虫对中间宿主的选择不严。已知有200余种动物，包括哺乳类、鸟类、鱼类、爬行类和人都可作为它的中间宿主，猫也可作为弓形虫的中间宿主。在中间宿主体内，弓形虫可在全身各组织脏器的有核细胞内进行无性繁殖；急性期时形成半月形的速殖子（又称滋养体）（图4-16）及许多虫体聚集在一起的虫体集落（又称假囊）；慢性期虫体呈休眠状态，在脑、眼和心肌中形成圆形的包囊（又称组织囊），囊内含有许多形态与速殖子相似的慢殖子。

图4-16　兔弓形虫病病原——弓形虫速殖子

动物吃了猫粪中的感染性卵囊或含有弓形虫速殖子或包囊的中间宿主的肉、内脏、渗出物、排泄物和乳汁而被感染。速殖子还可以通过皮肤黏膜途径感染，也可以通过胎盘感染胎儿。兔饲料被含有大量弓形虫卵囊的猫粪污染是兔场弓形虫病爆发流行的主要原因。

2．诊断要点

（1）临床症状：临床上分急性型、慢性型和隐性型3种。急性型仔兔发病以突然废食、体温升高和呼吸加快为特征，有浆液性和浆液脓性眼垢和鼻液。病兔嗜睡，并于几天内出现局部或全身肌肉痉挛的神经症状。有些病例可发生麻痹，尤其是后肢麻痹，通常在发病后2～8天死亡。慢性型病程较长，病兔厌食消瘦，常导致贫血。随着病程发展，病兔出现中枢神经症状，通常表现为后躯麻痹，怀孕母兔出现流产。病兔有的突然死亡，但病兔大多可以康复。

（2）病理变化：主要分急性型和慢性型2种。

①急性型：以淋巴结、脾、肝、肺和心脏的广泛坏死为特征。上述器官肿大，并有很多坏死灶，肠高度充血，常有扁豆大的溃疡，胸、腹腔有渗出液，此型主要发生于仔兔。

②慢性型：以各脏器水肿、增大，并有散在的坏死灶为特征。此型常见于老兔。

（3）实验室检查

①涂片检查：采取胸、腹腔渗出液或肺、肝、淋巴结等作涂片，姬姆氏液或瑞氏液染色后镜检。弓形虫速殖子呈橘瓣状或新月形，一端较尖另一端钝圆，胞浆蓝色，中央有一紫红色的核。

②小鼠腹腔接种：取肺、肝、淋巴结等病料研碎后加10倍生理盐水（每毫升加青霉素1 000单位和链霉素100毫克），在室温中放置1小时。接种前振荡，待重颗粒沉淀后取上清液接种于小鼠腹腔。每次接种后观察20日，小鼠发病死亡或以其腹腔液及脏器作涂片镜检，查出虫体可确诊。

③血清学诊断：目前国内应用较多的是间接血凝法。

3. 防治措施

（1）治疗措施：目前尚无特效药物，可试用以下药物治疗。

①磺胺嘧啶加甲氧苄胺嘧啶。前者首次用量每千克体重0.2克，维持量每千克体重0.1克。后者用量每千克体重0.01克，每日1次内服，连用5天；

②磺胺甲氧吡嗪加甲氧苄胺嘧啶，前者首次用量每千克体重0.1克，维持量每千克体重0.07克。后者用量每千克体重0.01克，每天1次内服，连用5天；

③长效磺胺加乙胺嘧啶，前者首次用量为每千克体重0.1克，维持量每千克体重0.07克。后者用量每千克体重0.01克，每日1次内服，连用5天；

④蒿甲醚，每千克体重用量6~15毫克，肌肉注射，连用5天，有很好的效果；

⑤双氢青蒿素片，每兔日用量10~15毫克，连用5~6天；

⑥磺胺嘧啶钠注射液，肌肉注射，每次 0.1 克，每日 2 次，连续 3 天。

（2）预防措施

①猫是弓形虫的完全宿主，兔和其他动物仅是弓形虫原虫无性繁殖期的寄生对象，因此要防止猫接近兔舍传播该病，饲养员也要避免和猫接触。

②定期消毒饲料、饲草和饮水，严禁被猫的排泄物污染。

③对流产胎儿及其他排泄物要进行消毒处理，场地严格消毒，死于该病的病兔要深埋。

三、兔脑炎原虫病

本病是由兔脑炎原虫所引起的一种慢性、隐性原虫病。据报道，已有兔、犬、猪等多种哺乳动物出现过此虫的自然感染，虫体主要侵害脑组织和肾脏，但大多数病例为无临床症状的隐性感染。发病率 15%～76% 不等。

1．病原虫及生活史

兔脑炎原虫的成熟孢子大小为 2 微米 × 1.2 微米，呈直或稍弯的杆形，两端钝圆，一端稍大于另一端，核致密呈圆形、卵圆形或带状，约为虫体的 1/4～1/3 大小，偏于虫体一端。在神经细胞、巨噬细胞和其他组织细胞中可以发现虫体的假囊，囊内含有 100 个以上的滋养体。

生活史尚未完全清楚。可能是通过二分裂或裂体增殖进行繁殖。自然感染途径目前还不清楚。通过口服病变材料、鼻内接种和注射等胃肠外途径已使兔和小鼠的人工感染获得成功，健康兔与病兔的直接接触也可感染，另外还可能通过胎盘感染。

2．诊断要点

（1）流行特点：病兔的尿液中含有兔脑炎原虫。消化道是主要感染途径，经胎盘传染也有可能。本病广布于世界各地，我国也有报道，发病率为 15%～76%。

（2）临床症状：本病一般为慢性或隐性感染，常无症状，有时为脑炎和肾炎症状，如惊厥、颤抖、斜颈、麻痹、昏迷、平衡失调及腹泻、蛋白尿等。

（3）病理变化：肾脏病变最明显，肉眼可见肾表面有很多散在的针尖状白点或在皮质表面有大小为 2～4 毫米的灰色凹陷区。如肾脏受害严重，则表面呈颗粒状或高低不平。组织上主要为间质性肾炎、纤维化和小肉芽肿（由淋巴细胞与浆细胞组成）。肉芽肿也见于脑内，脑内的肉芽肿，中心发生坏死，有多量脑炎原虫，外围是淋巴细胞、浆细胞和胶质细胞，肾中的虫体位于肾小管上皮细胞内或游离于管腔中。

3．防治措施

目前尚无有效的治疗药物。由于生前不易诊断，感染途径多，特别是通过胎盘感染等因素给防治工作带来很大困难。通过改善卫生条件和清除已感染的种用动物，对防治本病有帮助。

四、肝毛细线虫病

本病是家兔及许多其他动物常见的寄生虫病，猪以及人也可感染，狗和猫是暂时性宿主。

1．病原虫及生活史

成虫纤细，雌虫大小为20.0毫米×0.1毫米，雄虫约为雌虫的一半，食道占体长的1/2（雄虫）或1/3（雌虫），雄虫在突出的膜鞘内只有一个交合刺，长425～500微米，雌虫的生殖孔位于食道后方。虫卵为椭圆形，两端各有黏液样塞状物。

本病不需中间宿主，成虫寄生于肝组织内，并就地产卵，卵一般无法离开肝组织，当动物尸体腐烂分解释放出虫卵；或肝脏被狗、猫等吞食，肝组织被消化，虫卵随其粪便排出体外，并在有空气条件下发育为感染性虫卵，兔或其他动物吞食了此种感染性虫卵而感染。幼虫在小肠中孵出，钻入肠壁血管经门脉循环进入肝脏发育为成虫。

2．诊断要点

（1）临床症状：病兔少量感染时常无明显症状，严重感染时，可见有消化紊乱，消瘦，黄疸等肝炎症状。病变主要是肝脏中出现黄豆大小白色或淡黄色结节，质硬，有时成堆，内含虫卵。有时可见成虫移行孔道，并可找到虫体，本病生前诊断较为困难。

（2）病理变化：在肝脏可见有黄色条状和斑点状结节，常可发现不易剥离的纤细虫体，确诊靠肝组织中发现虫卵。

3．防治措施

（1）治疗措施：丙硫咪唑，按20～25毫克/千克体重，口服；甲苯唑，按30毫克/千克体重，口服；盐酸左旋咪唑，按36毫克/千克体重，口服。

（2）预防措施：消灭鼠及野生啮齿动物，禁止狗、猪进入兔舍内，并且兔的肝脏不能生喂给狗、猫等暂时宿主。

五、栓尾线虫病

兔栓尾线虫又名兔蛲虫。是由兔栓尾线虫寄生于兔的盲肠和结肠引起的消化道线虫病。本病呈世界性分布，家兔感染率较高，严重者可引起死亡。

1．病原寄生虫及生活史

虫体半透明，有后食道球，后食道球前有一膨大部。雄虫4～5毫米×0.3毫米，尾端尖细似鞭状。雌虫为9～11毫米×0.5毫米，有尖细的尾，长约占体长的1/2（3.4～4.5毫米）。虫卵壳薄，一侧扁平，虫卵排出后不久即达感染期。兔吃到感染性虫卵而感染，虫体在盲肠或结肠发育成成虫。

2．诊断要点

（1）临床症状：少量寄生时一般无临床症状出现，但据近年来调查，我国各地兔场均普遍感染，有些兔场感染强度较大。大量寄生时，可造成慢性肠炎，消瘦，增重减慢，并影响幼兔的生长发育。

（2）病理变化：尸体剖检时可在盲肠的肠黏膜上发现虫体。

（3）实验室病原学检查：可通过饱和盐水浮集法检查虫卵。

3．防治措施

（1）治疗措施：本病的治疗可用盐酸左旋咪唑，按每千克体重口服5～6毫克；或丙硫咪唑按每千克体重口服10～20毫克。

（2）预防措施

①加强饲养管理：加强兔舍卫生管理，经常清扫与消毒，防止兔粪的污染。

②定期驱虫：春秋季节全群驱虫各1次，感染较重的兔场，可每隔1～2个月驱虫1次。

六、肝片吸虫病

本病是一种世界性分布的人畜共患病，兔也可被寄生，特别是以青饲料为主的兔发病率和死亡率高，可造成严重的经济损失。

1. 病原虫及生活史

肝片吸虫寄生在肝脏胆管中，体长20～35毫米，宽5～13毫米，背腹扁平，整个虫体呈柳叶状（图4-17）。

虫体在胆管中产出虫卵，随胆汁进入消化道，随粪便排出体外，落入水中孵化出毛蚴。毛蚴钻入中间宿主——椎实螺体内，经过胞蚴、母雷蚴、子雷蚴各个发育阶段，最后形成大量尾蚴逸出，附着在水生植物或水面上，形成灰白色、针尖大小的囊蚴。兔吃或饮了带有囊蚴的植物或水而被感染。囊蚴进入十二指肠后童虫脱囊而出，穿过肠壁进入腹腔，而后经肝包膜进入肝脏，通过肝实质进入胆管发育为成虫，虫体在动物体内可生存3～5年（图4-18）。

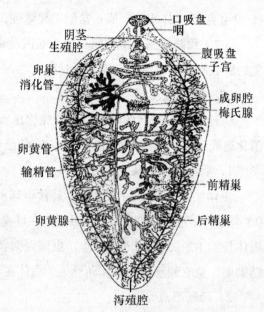

图4-17 兔肝片吸虫病病原

图4-18 兔肝片吸虫生活史

2. 诊断要点

（1）临床症状：一般表现厌食、衰弱、消瘦、贫血、黄疸等。严重时眼睑、颌下、胸腹下出现水肿。一般经1～2个月后因各器官极度衰竭而死亡。

（2）病理变化：主要为胆管壁粗糙增厚，呈绳索样凸出于肝脏表面，切开肝脏，胆管中含有一定量虫体。

（3）实验室检查：常采用水洗沉淀法检查虫卵，虫卵呈金黄色椭圆形，长130～145微米，宽85～97微米，有一不明显的卵盖，卵黄细胞分布均匀。

3．防治措施

（1）治疗措施：对喂青饲料为主的兔进行2次预防性驱虫，可减少传染源，驱虫后的粪便应集中处理，达到灭虫灭卵要求。

一般常用的驱虫药及用量如下。

①蛭得净：每千克体重10～15毫克拌料，1次，口服。

②丙硫咪唑：每千克体重10～15毫克，1次，口服。

③硫双二氯酚：每千克体重50～80毫克，口服。用药后可能出现腹泻和食欲减退等副作用，在用药时要注意。

（2）预防措施：尽量不喂水生植物。对以喂青饲料为主的兔，每年进行2次预防性驱虫。兔粪应集中处理，堆积发酵。

七、日本血吸虫病

本病是我国长江流域及其以南地区重要的人畜共患寄生虫病。它的宿主广泛，各种家畜和野生哺乳动物几乎都可以感染。家兔一般均为圈养和笼养，因此，自然感染的机会较少，在疫区一般是通过饮用"疫水"和采食带有尾蚴的青草而感染。

1．病原虫及生活史

日本血吸虫，雌雄异体，虫体呈线形，雄虫短粗，约10～22毫米×0.5毫米，有口吸盘和腹吸盘，自腹吸盘后部体壁向腹面卷折形成抱雌沟，在寄生状态下雌雄合抱在一起。

雌虫外观形态和雄虫相似，但比雄虫略长一些（图4-19）。

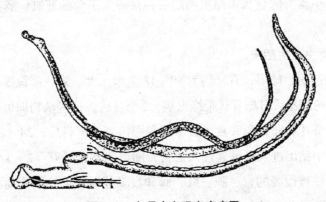

图4-19　兔日本血吸虫病病原

虫体寄生于门脉系统，雌雄交配后产出的虫卵，一部分顺血流达肝脏，在肝脏形成虫卵肉芽肿；另一部分逆血流到达肠壁，并通过肠壁进入肠腔，随粪便排出体外。虫卵在水中孵出毛蚴，毛蚴钻入中间宿主钉螺体内，经过母胞蚴、子胞蚴最后发育成尾蚴。动物通过饮水、采食或被尾蚴钻入皮肤而感染。钻入动物皮肤的尾蚴，经血流到达门静脉，发育为成虫。

2. 诊断要点

（1）临床症状：少量感染时一般不显现临床症状，大量感染则表现腹泻、便血、消瘦、贫血，严重时出现腹水过多，最后死亡。

（2）病理变化：肝表面及切面有灰白色或灰黄色结节。常见的慢性病例表现肝硬化，体积缩小，在门静脉血管内可找到虫体。肠道病变主要在直肠，肠黏膜面有溃疡或灰黄色的坏死灶。

（3）实验室诊断：检查粪便中的虫卵，血吸虫虫卵内含1个毛蚴，卵壳表面常附着坏死组织及不洁物质。另外，利用毛蚴孵化法也可确诊。

3. 防治措施

（1）治疗措施：发现病兔及早治疗。用于治疗人畜血吸虫病的药物如吡喹酮、硝硫氰胺、血防846等，都可试用于兔。用法参见药品说明书。

（2）预防措施：重点保证饮水卫生。饮用开水或地下水，饲料要晒干或进行青贮后再喂兔。

八、囊尾蚴病

又名豆状囊尾蚴，呈世界性分布，我国有十多个省市发生本病。它是寄生在犬、猫小肠内的豆状带绦虫的幼虫，常寄生于兔的肝脏、肠系膜和腹腔内。对人无害。

1. 病原虫及生活史

囊尾蚴透明，球形，直径约为10～18毫米。犬、猫、狐狸等吞食了带有豆状囊尾蚴的脏器后可患豆状带绦虫病，2个月后，这些动物即可排出豆状带绦虫成熟的节片和卵，兔吞食了被节片和卵污染的饲料后，24小时内，六钩蚴从绦虫卵中钻出进入肠壁，侵入血管，随血流到达肝脏，2～3个月内发育成囊尾蚴，使被侵袭的胃、脾、肝、肺和腹膜等器官上挂满葡萄状的囊尾蚴包囊。个别囊尾蚴可侵入大脑（图4-20）。

2．诊断要点

（1）临床症状：在一般感染时，症状常不明显，大量感染时有肝炎症状，严重影响肝功能。病兔表现为食欲障碍，口渴，阵发性发烧，腹胀，弓背，被毛无光泽；眼圈苍白，嗜睡，不喜欢动，动作迟钝，逐渐消瘦，体力衰竭，最终死亡。囊尾蚴侵入大脑，破坏中枢和脑血管，急性发作可引起突然死亡。

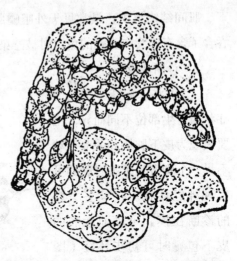
图4-20　兔囊尾蚴病病原——豆状囊尾蚴

（2）病理变化：剖检可见肌肉苍白并带微黄色，腹腔积有淡黄色腹水。常在胃网膜、胃脾韧带、肠系膜、膀胱韧带、腹膜、肝脏表面见绿豆大至黄豆大、灰白色半透明的囊泡，内含1个白色头节。囊泡常成葡萄串状，一般5～15个一串，多者可达数百个，肝脏中有时可见纤维化痕迹或肝硬变。本病生前诊断比较困难，尸检发现豆状囊尾蚴可确诊。

3．防治措施

（1）治疗措施：吡喹酮，每千克体重25毫克，皮下注射，每日1次，连用5日；甲苯咪唑，用量按每千克体重35毫克，口服，连服3日。

（2）预防措施：本病应以预防为主。防止狗、猫粪便污染兔的饲料和饮水，同时不用含有豆状囊尾蚴的兔肉和内脏喂狗、猫。严禁狗、猫接近兔场、兔舍，定期为狗、猫驱除绦虫。

九、连续多头蚴病

连续多头绦虫成虫寄生于犬小肠，其中绦期幼虫寄生于兔、野生啮齿类动物和人的皮下组织、肌间结缔组织，引起连续多头蚴病。

1．病原虫及生活史

成熟的连续多头蚴为鸡蛋大的包囊，直径4厘米或更大，坚实而有弹性，囊壁内有许多头节，囊液内可有游离的头节，囊外也可见与柄相连含头节的子囊。其生活史为犬排孕卵节片或卵于外界，兔吃后感染，移行到皮下、肌间结缔组织，最常见于外咀嚼肌、肋肌、肩、颈、背部肌肉中，当犬吞食了含有连续多头蚴的兔肉时被感染，在其小肠内发育为成虫。

2．诊断要点

（1）临床症状：本病的症状因寄生部位不同而异，主要表现为皮下肿块和关节活动不灵，个别寄生于脑脊髓的可出现神经症状。连续多头蚴的诊断在摸到可动而无痛的皮下包囊时可初步怀疑（图4-21）。

图4-21 兔连续多头蚴病

（2）实验室检查：根据在肌肉或皮下检查到可动而无痛的包囊，可推测为本病。也可通过手术摘出包囊，镜检包囊内含有许多形如连续多头绦虫头节的原头蚴而确诊。

3．防治措施

手术摘除是治疗本病最有效而简易的方法。由于本病在幼虫阶段也可寄生于人体，引起人的疾患，因此要加强人员的卫生防护。

十、兔螨病

又叫疥癣病，又称兔疥癣，俗称生癞。是由寄生于兔体表的痒螨或疥癣引起的一种体外寄生性皮肤病。其中以寄生于耳壳内的痒螨病最为常见，危害也较为严重，其次为寄生于足部的足螨病。本病的传染性很强，以接触感染为主，轻者使兔消瘦，影响生产性能，严重者常造成死亡，这是目前危害养兔业的一种严重疾病。

1．病原虫及生活史

兔痒螨：寄生于兔外耳道。黄白色或灰白色，长 0.5～0.8 毫米，眼观如针尖大。虫体全形呈椭圆形，前端有一长椭圆形刺吸式口器，腹面 4 对肢，前两对肢粗大，两对后肢细长，突出体缘，雄虫体后端有 1 对尾突，其前方有两个交合吸盘（图4-22）。

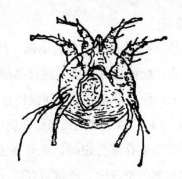

图4-22 兔疥癣病病原——痒螨

兔疥螨：寄生于兔体表，黄白色或灰白色，长0.2～0.5毫米，眼观不易认出。虫体呈圆形，其前端有一圆形的咀嚼型口器，腹面4对肢呈圆锥形，后两对肢不突出体缘（图4-23）。

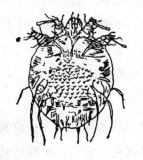

图4-23 兔疥癣病病原——疥螨

痒螨和疥螨全部发育过程都在动物体上完成，包括卵、幼虫、若虫和成虫4个阶段。完成整个发育过程，痒螨需10～12日，疥螨需8～22日，平均15日。疥螨在宿主表皮挖凿隧道（图4-24），以皮肤组织、细胞

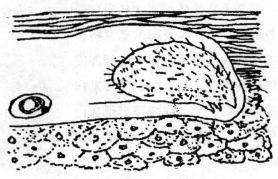

图4-24 兔疥螨虫在皮肤里挖隧道图

和淋巴液为食，并在隧道内发育和繁殖。痒螨则寄生于皮肤表面，以吸吮皮肤渗出液为食。

2. 诊断要点

（1）流行特点：病兔是主要传染源。病兔与健康兔直接接触可以传播本病，如密集饲养、配种均可传播。通过接触螨虫污染的笼舍、食具、产箱以及饲养人员的工作服、手套等也可间接传播。本病多发于秋冬季节，日光不足、阴雨潮湿，最适合螨虫的生长繁殖并促进本病的蔓延。

螨虫在外界的生存能力很强，在外界温度 11～20℃ 的条件下，可存活10～14 日，在湿润的空气中，疥螨可存活 3 周，痒螨可生存 2 个月，在饲养管理及卫生条件较差的兔场，可常年发生螨病。

各种年龄的兔都可发病，但幼兔比成年兔患病严重，营养状态不良及机体抵抗力较弱的兔比营养状态好的兔发病严重。兔疥螨可以传染给人，人感染后的症状为皮肤上起红色小丘疹，剧痒，晚间加重。人的多发部位在皮肤嫩薄皱褶处，如腋窝、胸腹部皮肤，乳房下部，腹股沟等处。一般认为兔疥螨感染人有一定的局限性，1～2 个月后可自愈，但有免疫缺陷或机体抵抗力较差的患者病程较长。

（2）临床症状

①兔痒螨病主要症状为：该病主要发生于外耳道内，可引起外耳道炎，渗出物干燥成黄色痂皮，塞满耳道如纸卷样。病兔耳朵下垂，不断摇头和用脚搔耳朵，还可能延至筛骨及脑部，病兔表现歪头，最后出现抽搐而死亡。

②兔疥螨病主要症状为：一般由嘴、鼻周围及脚爪部发病，奇痒，病兔不停用嘴啃咬脚部或用脚搔抓嘴、鼻等处，严重发痒时前后脚抓地。病变部出现灰白色结痂，使患部变硬，造成采食困难，食欲减退。脚爪上产生灰白色痂块，病变向鼻梁、眼圈、

图 4-25　兔疥癣病

前脚底面和后脚蹠部蔓延，出现皮屑和血痂，嘴唇肿胀，多影响采食，病兔迅速消瘦，直至死亡（图4-25）。

（3）实验室检查：首先是采集病料，兔耳螨病时，轻轻刮取兔耳道内

的湿性分泌物即可；而兔疥螨病时，一定要在患部与健康部交界处，用手术刀片或锐匙（蘸少许50%的甘油效果更好）刮取痂皮，直至微见出血为止。将刮到的病料装入试管内，加入10%苛性钠（钾）溶液，煮沸，待毛、痂皮等固体物大部分溶化后，静置20分钟，由管底吸取沉渣，滴在载玻片上，用低倍显微镜检查。也可将病料置载玻片上滴煤油数滴，另加一载玻片搓碎病料后，以低倍镜检查活虫。还可将病料倒在一张黑纸上，放在阳光下或稍加热，肉眼或用放大镜可以看到螨虫在黑纸上爬动。

3．类症鉴别

本病应与兔脱毛癣相区别。脱毛癣由皮肤霉菌引起，病变皮肤有圆形或不规则圆形脱毛，也有痂皮，但在温暖环境中痒觉不加剧，病料镜检可见菌丝和孢子，而无螨虫。

4．防治措施

（1）治疗措施：螨病具有高度的传染性，遗漏一个小的患部，散布少许病料，就有继续蔓延的可能。因此，治疗螨病时一定要认真仔细，并遵循以下原则：

①全面检查：治疗前，应详细检查所有病兔，一只不漏，并找出所有患部，便于全面治疗。

②彻底治疗：为使药物和虫体充分接触，将患部及其周围3～4厘米处的被毛剪去，用温肥皂水彻底刷洗，除掉硬痂和污物，最好用20%来苏尔液刷洗1次，擦干后涂药。

③重复用药：治疗螨病的药物，大多数对螨卵没有杀灭作用，因此，即使患部不大，疗效显著，也必须治疗2～3次（每次间隔5天），以便杀死新孵出的幼虫。

治疗螨病的药物很多。依维菌素（又名害获灭、阿佛菌素、依佛麦克亭等）：该药对兔的线虫、螨、蜱、蝇蛆等体内外寄生虫均有较强的驱杀作用。皮下注射每千克体重0.02～0.04毫克，7日后再注射1次，一般病例2次可治愈，重症者隔7日再注射1次；12.5%的双甲脒：可按1：250倍加水稀释成0.05%的水溶液，涂擦患部，对耳螨可用棉球蘸取0.05%的药液涂擦患部，将棉球放入外耳道，棉球的含药量不要太多，以挤压无药液流出为适度。

（2）预防措施

①搞好兔舍卫生，经常保持兔舍清洁、干燥、通风，饲养密度不要过大。

②处理病兔的同时，要注意把笼具、用具等彻底消毒（用杀螨剂）。

③要经常认真仔细地观察每一只兔，发现病兔立即隔离治疗。同时兔舍笼具要全面消毒。实践证明，营养状态好的兔得螨病少或发病较轻，因此，一定要喂给全价饲料，特别是含维生素较多的青饲料，如胡萝卜等。

④在引进兔时，一定要隔离观察一段时间，严格检查，确认无螨病后再混群。建立无螨兔群，是预防本病的关键。

十一、兔虱病

兔虱病的病原体为兔虱，是寄生在兔皮肤外表的一种寄生虫，主要通过接触感染，慢性发病。在阴暗、潮湿、污秽的环境中，兔容易发生兔虱。

1. 病原虫及生活史

舍饲家兔虱病一般为兔嗜血虱，成虫长1.2～1.5毫米，靠吸兔血维持生命，1只成虫日可吸血0.2～0.6毫升。成熟的雌虫排出带有胶黏物质的、圆筒形的卵，能附着于兔毛根部，经过8～10日童虫从卵中钻出，成为幼虫。幼虫在2～3周内经3次蜕皮发育为性成熟的成虫。雌成虫交配后1～2日开始产卵，可持续约40日（图4-26）。

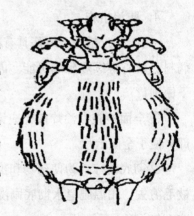

图4-26　兔虱病病原——大腹虱子

2. 诊断要点

（1）流行特点：主要是接触传染。病兔和健康兔直接接触，或通过接触被污染的兔笼、用具被染病。

（2）临床症状：兔虱咬食兔的皮肤时，分泌出一种有毒性的唾液，刺激兔皮肤的神经末梢，引起发痒。兔子常用嘴啃咬痒的部位或用前爪抓痒的部位，咬破或抓破皮肤，皮肤上有微小的出血点，溢出的血液干后形成结痂，因而易脱毛、脱皮、皮肤增厚和发生炎症等。拨开兔子患部的被毛，检查其皮肤表面和绒毛的下半部，可找到很小的黑色虱，在兔绒毛的基部可找到淡黄色的虱卵。兔虱发生严重时会造成病兔食欲不振，消瘦，抵抗力减弱。

3．防治措施

（1）治疗措施：

①取中药百部根1份、水7份，煮沸20分钟，冷却到30℃时用棉花蘸水，在兔体上涂擦。

②用20%氰戊菊酯5 000～7 500倍稀释液涂擦，疗效较好。

（2）预防措施：首先要防止患虱病的兔引入健康兔场。对兔群定期检查，发现病兔立即隔离治疗。其次要保持兔舍干净、卫生、干燥、空气新鲜。定期检查兔的体表，做到早发现、早隔离、早治疗。笼舍每隔一定时间用2%的敌百虫溶液消毒1次，或将苦楝树叶放在笼内以驱除兔虱。

十二、蝇蛆病

蝇蛆病是由双翅目昆虫的幼虫侵入兔的组织或腔道内而引起的疾病。能引起兔蝇蛆病的蝇种类很多，有丽蝇属、污蝇属、胃蝇属、螺旋蝇属及肉蝇属的多种蝇。不同种属的蝇的幼虫在兔体的寄生部位略有不同，通常寄生在鼻、口、肛门、胃肠道、生殖道和伤口及皮下组织内。本病全国各地均有发生，常发于夏季。

1．病原及生活史

成虫属双翅目的昆虫，形似蜂，多出现在夏秋季节。雌雄蝇交配后，雌蝇直接把卵产到兔的口、鼻、肛门、生殖孔周围及伤口和毛少的皮肤表面，1～2日后，幼虫从卵中孵出，并向腔道内或皮下组织移行。幼虫通过虫道与外界相通，以坏死组织或血液为食，经过数周的发育，两次蜕皮变成三期幼虫。三期幼虫经过虫道离开兔体，落地，钻入浅层松土内化蛹，再经过一段时间的发育羽化成蝇，不同种的蝇繁殖周期不同（图4-27）。

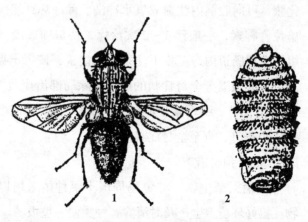

图4-27　兔蝇蛆病病原

1.长翅膀为成虫；2.无翅膀为幼虫

2. 诊断要点

（1）流行特点：大多数成蝇常在果树园和苜蓿地栖息，不同种蝇的繁殖期及生物学特性不尽相同，但一般的活动盛期在5～9月份。因此，兔的蝇蛆病也多发于夏秋季节。各种年龄的兔都可发病，但对幼兔危害严重。

（2）临床症状：蝇蛆多侵入兔的口、鼻、肛门、生殖孔和伤口及皮下组织，皮肤表面的寄生部位多在肩胛部、腋下、腹股沟、面部、颈和臀部。一般情况下，感染初期兔的临床症状不明显。幼虫孵出后向深部移行，兔表现不安或尖叫，幼虫侵入的局部红肿，有痛感，触诊敏感，有炎性分泌物。随着幼虫的生长，侵入腔道的可造成相应器官的功能障碍；侵入皮下组织可形成中央有小洞或瘘管的肿胀，肿胀直径约10～20毫米，继发细菌感染后形成脓肿，破溃后流出恶臭红棕色脓汁，用手挤压局部有时可见蝇蛆。由于幼虫在宿主组织和腔道内生长，以宿主的组织为营养，并有向深部组织内钻行的特点，同时幼虫生长发育过程中，还代谢产生多种毒素，因此，随病情发展，兔迅速消瘦，极易死亡，特别是幼兔死亡率更高。

3. 防治措施

（1）治疗措施：发现兔体有蝇蛆寄生，立即隔离治疗。如果寄生在体表部位，首先将肿胀的结节用手术刀片切一小创口，用眼科镊把蝇蛆取出来，也可向患部洞口滴入1～2滴氯仿或乙醚，促使蝇蛆离开洞穴，亦可用手指挤捏患部，将虫体挤出，然后用0.1%的高锰酸钾溶液冲洗，并涂消炎粉。如有化脓，可向腔洞内注射双氧水冲洗。除净坏死组织，局部注射0.5万～1.0万单位青霉素，一般经1～2次治疗，伤口即逐渐愈合。如果蝇蛆寄生在深部组织或胃肠道内，可皮下注射依维菌素，按每千克体重0.02毫克。对体温升高，食欲减退等全身症状的病例，除局部治疗及杀虫外，还需肌肉注射青霉素20万单位、链霉素2万单位，每日2次。同时酌情耳静脉注射10%葡萄糖20～40毫升，直至全身症状消失。

（2）预防措施

①消灭孳生物。在兔场周围不要种植果树以及其他蝇类营养来源的植物。搞好环境卫生，及时清除各种粪便、垃圾。

②灭蝇。在蝇类活动频繁的夏秋季节，在兔舍周围及兔舍地面、墙壁喷

洒。除虫菊酯、倍硫磷等杀虫剂。

③兔舍加装纱网，以防蝇类对兔的侵袭。

第四节　兔的内科病

一、口炎

本病为口腔黏膜表层或深层的炎症。临床上以流涎及口腔黏膜潮红、肿胀、水泡、溃疡为特征。

1. 病因

机械性刺激是口炎发生的重要原因。如硬质和棘刺饲料，尖锐牙齿，异物（钉子、铁丝等）都能直接损伤口腔黏膜，继而引起炎症反应。其次是化学性因素，如采食霉败饲料，误食生石灰、氨水等，均可引起口炎。另外，口炎还可以继发于舌伤、咽炎等邻近器官的炎症。

2. 诊断要点

若口炎是由粗硬饲料损伤所致，则兔群里会有许多只发病。病兔口腔黏膜发炎疼痛，食欲减退。有的家兔虽处于饥饿状态，主动奔向饲料放置处，但当咀嚼出现疼痛时，便立即退缩回去。患兔大量流涎，并常粘附在被毛上。口腔黏膜潮红、肿胀，甚至有损伤或溃疡。若为水泡性口炎，口腔黏膜可出现散在的细小水泡，水泡破溃后可发生糜烂和坏死，此时流出不洁净并有臭味的唾液，有时混有血液。

3. 防治措施

（1）治疗措施

①消除病因：喂以营养丰富、含有维生素并易消化的柔软饲料，以减少对口腔黏膜的刺激。

②药物疗法：根据炎症的变化，选用适当的药液洗涤口腔。炎症轻微时，用2%～3%食盐水或碳酸氢钠液；炎症重并有口臭时，用0.1%高锰酸钾液；唾液分泌较多时，用2%硼酸溶液或2%明矾溶液洗涤口腔，每日冲洗2～3次，洗后涂以2%龙胆紫溶液。洗涤口腔时，兔的头部要放低，便于洗涤的药液流出，否则药液容易误入气管而引起异物性肺炎。

当病兔出现体温升高等全身症状时，应及时应用抗生素。如青霉素每千克体重1万单位，链霉素每千克体重2万单位，每8～12小时肌肉注射1次。

（2）预防措施：平时要防止口腔黏膜的机械损伤，禁喂粗硬带刺的饲料，及时除去口腔异物，修整锐齿，避免化学因素的刺激。

二、胃炎

胃炎是胃黏膜表层或深层的炎症过程。主要表现为消化机能障碍，各种年龄的家兔均可发生。

1. 病因

主要与动物饮食不当有关，最常见的是吃了腐败变质饲料或冰冻饲料。由于细菌毒素或霉菌毒素刺激，或冰冻饲料对胃黏膜的刺激而引起炎症。服用或误食某些药物和化学物质（重金属，杀草剂等），也是胃炎的常见诱因。

2. 诊断要点

主要症状是食欲减退，精神不振，便秘或腹泻，或两者交替发生。重症病例的患兔极度衰弱，肚腹蜷缩，无力，不爱活动。粪便中混有大量的黏液，个别的甚至有血液或灰白色纤维素膜，并有难闻臭味。

3. 防治措施

（1）治疗措施

①加强护理：要限制采食，至少禁食12～24小时，在此期间可给少量的饮水，以维持口腔的湿润。然后喂以易消化、高糖低脂低蛋白质的饲料，食量要逐渐增加。

②药物治疗：对因腹泻引起脱水的病兔，要补液，可静脉注射5%葡萄糖液或林格氏液50毫升，上午、下午各1次；当病兔发生便秘时，可内服盐类泻剂，如内服人工盐或硫酸钠4～8克；对一时不能恢复食欲的病兔，可内服龙胆酊，每次1.0～2.0毫升，或芳香性健胃药，如内服陈皮酊，每次2.0～4.0毫升。

（2）预防措施：经常注意饲料质量，一旦发现霉败变质，应立即停喂，及时更换饲料，禁喂冰冻饲料。

三、毛球病

又称毛团病，是家兔吞食自身的被毛或同伴的被毛，造成消化道阻塞的一种疾病。

1．病因

家兔吞食被毛的原因，一般认为有以下几种。

①日粮中缺乏钙、钠、铁等无机盐和B族维生素，以及某些氨基酸如蛋氨酸和胱氨酸不足，引起家兔味觉失常，而发生吞食被毛癖。

②饲料中精料成分比例过大、过细，起充填作用的粗纤维不足，家兔常出现饥饿感，因而乱啃被毛。

③兔笼窄小，家兔长期拥挤在一起，互相啃咬，久而久之，便形成吞食被毛的恶癖。

④未及时清理脱落后掉在饲料中、垫草中的被毛，容易随同饲料一起被兔吞下而发病。

⑤某些外寄生虫（蚤、毛虱、螨等）刺激发痒，家兔持续性啃咬时拔掉被毛而吞入胃内。

2．诊断要点

（1）临床症状：家兔吞食被毛后，首先表现消化机能失常。病兔食欲不振或废绝，精神倦怠，喜卧，好喝水，大便秘结，粪便中混有兔毛。如果在短时间摄入大量的被毛，可在胃内与胃内容物混合形成坚硬的毛球，阻塞幽门口，或进入小肠后造成肠梗阻，引起大便不通，动物出现腹痛不安。继发胃扩张时，触诊腹部，胃体积膨大，并可摸到胃内或小肠内的硬毛球。最后多因自体中毒或胃肠破裂而死亡。

（2）病理变化：动物消瘦，腹部膨大，剖解病兔可见胃容积增大，肠管内空虚，在胃内或小肠内发现毛球。

3．防治措施

（1）治疗措施：可内服植物油，如豆油或花生油20～30毫升，或蓖麻油10～15毫升，以润滑肠道，便于排出毛球。如植物油泻剂无效时，应果断地施以外科手术治疗。

（2）预防措施：在饲料配合上，精、粗饲料的比例要适当，供给充足的蛋白质、无机盐和维生素。加喂适量的青饲料或优质干草，会加速胃内食物的移动，能有效地减少毛球病的发生。兔笼要宽敞，不要过于拥挤，及时治疗外寄生虫病或皮肤病。

四、便秘

本病是由于肠内容物停滞、变干、变硬，致使排粪困难，甚至阻塞肠腔的一种腹痛性疾病。

1. 病因

本病的诱发原因很多，主要有以下几种。

①环境突然改变，运动不足，打乱正常排便习惯而发病。

②精、粗饲料搭配不当，精饲料多，青饲料少，或长期饲喂干饲料，饮水不足，都可诱发便秘。

③饲料中混有泥沙、被毛等异物，致使形成大的粪块而发生便秘。

④继发于排便带痛的疾病（肛窦炎、肛门脓肿、肛瘘等），不能采取正常排便姿势的疾病（骨盆骨折、髋关节脱臼等）以及一些热性病、胃肠弛缓等全身性疾病的过程中。

2. 诊断要点

（1）临床症状：病兔食欲减退或废绝，肠鸣音减弱或消失。精神不振，不爱活动。有的病兔频作排粪姿势，但无粪便排出或排少量的坚硬小粪球；有的排便次数减少，间隔时间延长，数日不排便，甚至排便停止。病兔腹胀，起卧不宁，常表现头部下俯，弓背探视肛门。触诊腹部有痛感，且可摸到坚硬的粪块。肛门指检过敏，直肠内蓄有干燥硬结的粪块。如无继发症，体温一般不升高。

（2）病理变化：死于便秘的家兔，剖检时可发现结肠和直肠内充满干硬成球的粪便，前部肠管积气。

3. 防治措施

（1）治疗措施

①病兔禁食1~2日，勤给饮水。

②轻轻按摩腹部，既有软化粪便的作用，又能刺激肠蠕动，加速粪便排出。

③用温水或2%碳酸氢钠水溶液灌肠，刺激排便欲，加速粪便排出。

④应用肠道润滑剂（如植物油、液状石蜡）灌肠，有助于排出停滞的粪

便。由肛门注入开塞露液1~2毫升，效果更佳。

⑤内服缓泻剂。硫酸钠4~8克，植物油（花生油、豆油）10~20毫升，或液状石蜡20~30毫升。

⑥全身疗法要注意补液、强心。

⑦治愈后要加强护理，多喂多汁易消化饲料，喂食量要逐渐增加。

（2）预防措施：夏季要有足够的青饲料。冬季喂干粗饲料时，应保证充足、清洁的饮水，并及时补喂充足的胡萝卜芽、块根饲料。保持饲槽卫生，经常除去泥沙或被毛等污物。保持家兔的适当运动，喂养要定时定量，防止饥饱不均，使消化道有规律的活动，可以减少本病的发生。

五、腹泻

本病是指临床上具有腹泻症状的一类疾病，主要表现是粪便不成球，稀软，呈粥状或水样便。

1. 病因

常见的有下列几种情况：

①以消化障碍为主的疾病，如消化不良、胃肠炎等。

②某些传染病，如副伤寒、肠结核等。

③寄生虫病，如球虫病等。

④中毒性疾病，如有机磷中毒。

后3种情况，除腹泻之外，还有各自疾病的固有症状，这里只介绍引起腹泻的胃肠道疾病。该病各种年龄的家兔均可发生，但以断乳前后的幼兔发病率最高，治疗不当常引起死亡。以消化障碍为主的胃肠道性腹泻的原因，主要有以下几个方面：

①饲料不清洁，混有泥沙、污物等，或饲料发霉、腐败变质。

②饲料内含水量过多，或吃了大量的冰冻饲料。

③饮水不卫生，或夏季不经常清洗饲槽，不及时清除残存饲料，以致酸败而致病。

④饲料更换突然，家兔不适应，特别是离乳的幼兔，由于消化机能尚未发育健全，适应能力和抗病能力比较低，更易发病。

⑤兔舍潮湿，温度低，家兔腹部着凉。

⑥口腔及牙齿疾病，也可引起消化障碍而发生腹泻。

2．诊断要点

（1）临床症状：根据胃肠黏膜受损程度不同，临床上分消化不良性腹泻和胃肠炎性腹泻。

①消化不良性腹泻：是胃肠黏膜表层炎症引起的腹泻。病兔食欲减退，活泼性降低。排稀软便、粥样便或水样便，经常污染被毛，使其失去光泽。病程长的渐渐消瘦，呈现虚弱乏力，不爱运动。有的出现泥沙、被毛或粪尿污染的垫草等异食现象，有的出现轻度腹胀及腹痛。

②胃肠炎性腹泻：是由胃肠黏膜深层炎症引起的腹泻。病兔食欲废绝，全身无力，精神倦怠，体温升高。腹泻严重的病兔，粪便稀薄如水，常混有血液和胶冻样黏液，气味恶臭。腹部触诊有明显的疼痛反应，重度腹泻，体液和电解质丧失而呈现脱水和衰竭状态。如果胃肠内腐败发酵的有毒食物被吸收，可引起自体中毒，此时全身症状剧增，病兔精神沉郁，结膜暗红或发绀，脉搏细弱，呼吸促迫，常因虚脱而死亡。

（2）病理变化：剖解可见胃肠道呈卡他性炎症，黏膜增厚、充血，用刀子可以刮掉肠黏膜，肠内容物通常呈黄绿色。胃肠炎时，可见肠黏膜剥脱，出血，肠壁变薄，内容物呈红褐色。

3．防治措施

（1）治疗措施

①消化不良的治疗原则：消除病因，改善饲养管理，清理胃肠，恢复胃肠功能。轻症病例，随着调整饲料组成或更新变质饲料，症状可得到缓解。

清理胃肠：取硫酸钠或人工盐2～3克，加水40～50毫升，1次内服；或植物油10～20毫升，内服。

调整胃肠功能：可服用各种健胃剂，如大蒜酊、龙胆酊、陈皮酊2～4毫升。各酊剂可单独应用，也可配伍应用，配伍时剂量酌减。

②胃肠炎的治疗原则：杀菌消炎、收敛止泻和维护全身机能。

杀菌消炎：可内服磺胺类药物，如磺胺嘧啶、磺胺脒等，初次量每千克体重0.14克，维持量每千克体重0.07克，1日2次，连服3日；新霉素，每千克体重4 000～8 000单位，肌肉注射，1日2～4次，连用3日。

收敛止泻：粪便的臭味不大，仍腹泻不止时，可内服鞣酸蛋白0.25克，1日2次，连服1～2日。

维护全身机能：静脉注射葡萄糖盐水、平衡液、5%葡萄糖液或林格氏液30～50毫升，20%安钠咖液1毫升，1日1～2次，连用2～3日。

（2）预防措施：加强饲养管理，不喂霉败饲料，兔舍经常保持清洁、干燥，温度恒定，通风良好。饲槽定期刷洗、消毒，饮水要卫生，垫草勤更换。对刚离乳的幼兔一定做到定时定量饲喂，防止过食。变换饲料应逐渐进行，使家兔有个适应过程。

六、感冒

本病是由寒冷刺激引起的以发热和上呼吸道黏膜表层炎症为主的一种急性全身性疾病。是家兔常见的呼吸道疾病之一，若治疗不及时，容易继发支气管炎和肺炎。

1. 病因

主要是寒冷的突然侵袭致病。如冬季兔舍防寒不良，突然遭到寒流袭击，另外早春、晚秋季节，天气骤变，昼夜间温差过大，机体不易适应而抵抗力降低，都是引起感冒的最常见因素。

2. 诊断要点

（1）病史调查：有受寒史并突然发病。

（2）临床症状：患兔轻度咳嗽，打喷嚏，流清水鼻涕或稠鼻涕，呼吸困难，精神不振，食欲减退，体温升高，如果护理不当，容易继发肺炎或出血性败血症。

3. 防治措施

（1）治疗措施：

①单纯的感冒，可让患兔内服阿司匹林片，每次1～2片，每天2次服，连服3天。

②内服安乃近片，每次1／2片，每天2次，连用2～3天，同时用滴鼻净滴鼻。也可取复方氨基比林注射液2～4毫升，青霉素钠每只每次用20万国际单位，混合肌肉注射，1天2次，连续2天，以控制炎症发生。

③用柴胡注射液肌肉注射，每次2毫升，每天2次，连续2天。

（2）预防措施：在气候寒冷和气温骤变的季节，要加强防寒保暖工作。兔舍要保持干爽、清洁、通风良好。

七、支气管炎

本病是支气管黏膜的急、慢性炎症，以咳嗽、流鼻液、胸部听诊有啰音为特征。是家兔的常见病，老龄和幼弱兔更易发生。

1. 病因

寒冷刺激、机械和化学因素刺激是原发性支气管炎的主要原因。寒冷刺激可降低机体的抵抗力，特别是呼吸道黏膜的防御能力的降低，使呼吸道的常在菌，如肺炎球菌、巴氏杆菌、葡萄球菌、链球菌等得以大量繁殖而产生致病作用，引起急性支气管炎。机械、化学因素刺激，如吸入饲料细粉、飞扬的尘土、霉菌孢子、花粉、有毒气体或发生误咽等，均可刺激支气管黏膜引起炎症。

2. 诊断要点

（1）临床症状：患兔体温在 40℃ 以上，精神萎靡，食欲废绝，打喷嚏，咳嗽，鼻孔流出黏液，呼吸困难，呼吸频率加快，两眼充满泪水。慢性支气管炎主要是持续性咳嗽，咳嗽多发生在运动、采食或气温较低的时候（早、晚或夜间）。肺部听诊有啰音。排便先干后稀，若不及时治疗，2~4 天死亡，死亡率高。

（2）病理变化：剖检可见病兔肺内有紫黑色病灶或化脓性病变。

3. 防治措施

（1）治疗措施

①如果是由感冒引起的支气管炎，治疗时可让患兔内服阿司匹林或氨基比林片，每天 2 次，每次 1/2 片，同时分别肌肉注射青霉素和链霉素。青霉素，每只每次用 20 万国际单位；链霉素，每只每次用 10 万国际单位，每天注射 2 次，连注 3 天。

②肌肉注射卡那霉素，每只每次注射 1 毫升，每天 2 次，连注 5 天。

（2）预防措施：平时应搞好饲养管理，喂给营养丰富、容易消化、适口性强的饲料，使家兔膘肥体壮，具有较强的抗病能力。兔舍要阳光充足、通风、保暖，做到冬暖夏凉。

八、肺炎

本病是肺实质的炎症。根据受侵部位分小叶性肺炎和大叶性肺炎，小叶性肺炎又可分为卡他性肺炎和化脓性肺炎。家兔以卡他性肺炎较为多发，而且多见于幼兔。

1. 病因

本病多因细菌感染引起。在家兔受寒或营养低下时，病原菌乘虚而入。常见的病原菌有肺炎双球菌、葡萄球菌、化脓棒状杆菌等。误咽或灌药时不慎使药液误入气管，可引起异物性肺炎。

2. 诊断要点

（1）临床症状：精神不振，食欲减退或废绝。结膜潮红或发绀。呼吸频率增加、浅表，有不同程度的呼吸困难，严重时伸颈或头向上仰。咳嗽，鼻腔有黏液性或脓性分泌物。肺泡呼吸音增强，可听到湿啰音。X线透视、拍片检查于肺野部见斑片状、絮状致密影，若治疗不及时，经3～4日可因窒息死亡。

（2）病理变化：肺表面可见到大小不等、深褐色的斑点状肝样病变，病变部不含气体，发生实变。

（3）实验室检查：白细胞总数和嗜中性白细胞增多，核型左移。

3. 防治措施

（1）治疗措施

①抑菌消炎：应用抗生素和磺胺类药物。抗生素类药物可选用：青霉素，每千克体重1万～2万单位，链霉素，每千克体重10～20毫克，均为肌肉注射，1日2次，两药联合应用效果更佳；白霉素注射液每千克体重5～25毫克，肌肉注射，1日2次；环丙沙星注射液每千克体重1毫升，肌肉注射，1日2次；土霉素或四环素每千克体重0.1～0.2毫克，内服，1日3次。

②对症治疗：病兔咳嗽、有痰液时，可化痰止咳，方法同支气管炎；呼吸困难，分泌物阻塞支气管时，可应用支气管扩张药，如肌肉注射氨茶碱，按每千克体重5毫克计算用药量；为增强心脏机能，改善血液循环，可行补液强心措施，如静脉注射5%葡萄糖液30～50毫升，皮下或肌肉注射强尔心注射液0.5毫升，为制止渗出和促进炎性渗出物的吸收，可静脉注射10%葡萄

第四章 兔常见病防治

115

糖酸钙注射液，每次量0.5～1.5克，1日1次。

（2）预防措施：加强护理；将病兔隔离在温暖、干燥与通风良好的环境中饲养，并给予营养丰富易消化饲料。充分保证饮水，注意防寒保暖，防止发生感冒。

九、肾炎

本病通常是指肾小球、肾小管和肾间质的炎性变化，按病程分为急性肾炎和慢性肾炎。

1. 病因

家兔肾炎的原因一般认为与下述因素有关。一是细菌性或病毒性感染；二是临近器官的炎症蔓延（如膀胱炎、尿路感染等）；三是毒物中毒（如松节油、砷、汞等）；四是环境潮湿、寒冷、温差过大等因素；五是过敏性反应。

2. 诊断要点

（1）临床症状：急性炎症时，病兔表现精神沉郁，体温升高，食欲减退或废绝。常蹲伏，不愿活动，强行运动时，跳跃小心，背腰活动受限。压迫肾区时，表现不安，躲避或抗拒检查。排尿次数增加，每次排尿量减少，甚至无尿。病情严重的可呈现尿毒症症状，如体质衰弱无力，全身呈阵发性痉挛，呼吸困难，甚至出现昏迷状态。

慢性肾炎多由急性转化而来。病兔全身症状不明显，主要表现排尿量减少，体重逐渐下降，眼睑、胸腹或四肢末端出现水肿。

（2）实验室检查：尿中蛋白质含量增加。尿沉渣检查可发现红、白细胞、肾上皮细胞和各种管型。

3. 防治措施

（1）治疗措施

①消除炎症：青霉素G钾（钠）每千克体重1万～2万单位，肌肉注射，1日3～4次；硫酸链霉素每千克体重1万～2万单位，肌肉注射，1日3～4次；卡那霉素每千克体重7毫克，肌肉注射，1日3～4次。环丙沙星注射液每千克体重1毫升，肌肉注射，1日2次。以上各药均可连用5～7日，注意选用抗生素类药物时，最好不用磺胺类药物。

②脱敏：强的松每千克体重2毫克，静脉注射，或地塞米松注射液，每

次0.125～0.50毫克，肌肉或静脉注射，1日1次。

③对症处理：速尿每千克体重2～4毫克，内服或肌肉注射；有尿毒症症状时，可静脉注射5%碳酸氢钠注射液5～10毫升；尿血严重的可应用止血药，如安络血注射液1～2毫升，肌肉注射，每日1～3次，或维生素K_3注射液，每次1～2毫克，肌肉注射，每日2～3次。

（2）预防措施：加强饲养管理，保持病兔安静，并置于温暖干燥的房舍内，给予营养丰富、易消化的饲料，适当限制食盐的喂量。

十、脑震荡

本病是由于钝性暴力作用于颅脑所引起的一种急性病。以发生昏迷、反射机能减退或消失等脑机能障碍为临床特征。

1. 病因

主要是家兔的头部受到暴力的撞击。在房舍内捕捉家兔，由于受惊扰，家兔乱冲乱撞，有可能将头部撞到墙壁而发生脑震荡。

2. 诊断要点

（1）病史调查：有头部被撞击史。

（2）临床症状：依据受撞击力量的大小，出现轻重不同的症状。撞击力大可致家兔立即死亡；撞击作用不大，在踉跄倒地后，可在数分钟后自行起立，恢复正常状态；中等强度的撞击力可在受伤后立即倒地，昏迷不醒，全身反应减退或消失，肌肉松弛无力，心跳加快，呼吸减弱或不均，瞳孔大小不等，粪尿失禁。

3. 防治措施

（1）治疗措施：轻症者将伤兔置于安静处，不久即可自行康复。较重者，可将头部垫高，实施冷敷。为防止脑水肿可静脉注射25%山梨醇注射液，或20%甘露醇注射液10～30毫升。甘露醇可增加血容量，升高血压，容易引起心力衰竭，对于心功能不全的家兔，应用时要慎重。脑震荡严重无治疗价值的，可行急宰。

（2）预防措施：运动场内不要有障碍，捕捉时动作不要粗暴；双层兔舍要注意关门，防止兔跌落下来；夜间喂兔时，动作要轻，避免家兔受惊乱撞。

十一、癫痫

本病是脑功能性疾病的一种，以周期性反复发作意识丧失、阵发性与强直性肌肉痉挛为特征。按原因分为真性（原发性）癫痫和症状性（继发性）癫痫。

1. 病因

真性癫痫与遗传因素有密切关系。大脑无器质性改变，但脑功能异常。癫痫的发作，可以是无任何先兆，也可能因突然的声响、光线照射或受到惊吓而发病。

症状性癫痫的原因主要有2个方面：一是脑内因素，如脑炎、脑内寄生虫、脑肿瘤等；二是脑外因素，主要见于低血糖、尿毒症、外耳道炎、电解质失调以及某些中毒病。

2. 诊断要点

发病急，患兔突然倒地，意识丧失，肢体强直性痉挛，瞳孔散大失去对光的反射。牙关紧闭，口流白沫。呼吸一时间停止，随后促急，排尿、排粪失禁。一般持续半分钟或数分钟，症状自行缓解，痉挛逐渐消失，呼吸变为平稳，意识恢复，自动站起。但刚恢复后的病兔，仍有软弱无力，神态淡漠的表现。

本病的病程较长，经常反复发作。频度不断增多，发作时间逐渐增长的病例，预后不良。

3. 防治措施

病兔要保持安静，避免各种意外的刺激。如突然的声响、强烈的光线及惊吓等。真性癫痫时，由于病因不明，所以只能对症治疗，主要采取镇静疗法，以减少和抑制癫痫的发作。可口服三溴合剂（溴化钾、溴化钠、溴化铵各等分），或静脉注射安溴合剂等。症状性癫痫，及时治疗原发病。

十二、中暑

又称日射病或热射病，是因烈日暴晒，潮湿闷热，体热散发困难所引起的一种急性病。临床上以体温升高，循环衰竭和发生一定的神经症状为特征。各种年龄家兔都能发病，以孕兔和毛用兔多发。

1. 病因

天气闷热，兔舍潮湿而通风不良，兔笼内装兔过多或盛夏炎热天气进行长途车船运输，装载过于拥挤，中途又缺乏饮水，容易引起热射病。露天兔场遮光设备不完善，长时间受烈日暴晒，容易引起日射病。

2. 诊断要点

（1）病史调查：有过热或暴晒史。

（2）临床症状：病初精神不振，全身无力，食欲废绝，体温显著升高，可达42℃以上，皮温升高，触摸体表有烫手感。可视黏膜潮红、发绀，心搏动增强、急速。呼吸困难、紧促、浅表，呼出气灼热。如果病情进一步发展，出现神经症状，开始呈短时间的兴奋，随即转入沉郁，昏迷，倒地不起，四肢抽搐，意识丧失，口吐白沫或粉红色泡沫，最后多因窒息或心脏麻痹而死。

3. 防治措施

（1）治疗措施：立即将病兔置于阴凉通风处，为促进体热散发，可用毛巾浸冷水置于病兔头部或躯体部，每3～5分钟更换1次；或用冷水灌肠。为降低脑内压和缓解肺水肿，可实施静脉放血或静脉注射20%的甘露醇10～30毫升，或静脉注射25%山梨醇10～30毫升。在体温下降、症状缓解时，可行补液和强心，以维护全身机能。

（2）预防措施：在炎热季节兔舍通风要良好，保持空气新鲜、凉快，温度过高时可用洒水的方法降温。兔笼要宽敞，防止家兔过于拥挤。露天兔场，要设凉棚，避免日光直射，并保证有充足的饮水。长途运输最好在凉爽天气进行，车船内要保持通风和充足的饮水，装运家兔的密度不宜过大。

十三、维生素A缺乏症

本病是由于维生素A供应不足，或吸收障碍所引起的代谢性疾病，临床上以生长发育不良，视觉障碍和器官黏膜损伤为特点。本病多发生在冬末春初青绿饲料缺乏的季节。

1. 病因

日粮中缺乏青绿饲料，或饲料的贮存不当，如暴晒、酸败、氧化等，使饲料中的维生素A前体化合物（胡萝卜素或维生素A原）遭到破坏，而引起维生素A缺乏。患有肠道病和肝脏病的家兔，由于影响维生素A的转化和贮存易诱发本病。

2. 诊断要点

家兔发病后的典型变化是黏膜上皮细胞萎缩，出现不同程度的炎症。如果呼吸道黏膜和消化道黏膜受侵，则出现咳嗽、下痢等，生长发育缓慢。严重病例体重减轻，神经机能紊乱，视觉迟钝，视力减弱，角膜混浊、干燥，眼周围堆积结痂样眼垢，眼结膜边缘有色素沉着，如果进一步恶化可导致永久性失明。走路摇晃或转圈，四肢麻痹，有时出现惊厥。病兔失去控制身体姿势的能力。

母兔发生维生素A缺乏时，可造成繁殖能力降低或不孕，怀孕的母兔出现早产、死产或产出体弱、畸形的胎儿。

3. 防治措施

（1）治疗措施：病兔可内服或肌肉注射维生素A制剂。如内服维生素A胶囊，日量为每千克体重400单位或肌肉注射维生素A注射液，每千克体重200单位。每日1次，连用5～7日。群体治疗时，可按每10千克饲料加2毫升鱼肝油的比例，将鱼肝油混入饲料中喂给，要注意一定要将饲料拌匀。

（2）预防措施：在日粮中经常补给青绿饲料，如嫩绿的苜蓿草、绿色蔬菜、胡萝卜等。切忌长期饲喂存放过久和变质的饲料。及时治疗肝脏病和肠道疾病。

十四、维生素 B_1 缺乏症

本病是由于硫胺素不足或缺乏所引起的一种营养缺乏病。临床上表现主要以消化障碍和神经症状为特征。

1. 病因

家兔能在盲肠内利用微生物制造复合维生素 B_1。但在盲肠内被吸收的甚少，而呈黑鞋油状或松散黏糊状的球形体（其表面通常比粪球亮）被排出体外，称之为盲肠粪，因其含有丰富的维生素，所以也叫维生素粪。家兔具有立即吞食盲肠粪的本能（不能视为病态），从而获得生命所必需的维生素。如果家兔不吃盲肠粪，就容易发生维生素 B_1 缺乏症。另外日粮中硫胺素含量不足，也是诱发本病的主要原因。

2．诊断要点

维生素 B_1 缺乏的家兔首先出现消化分泌机能低下，食欲不振，便秘或腹泻。继之出现泌尿功能障碍，发生渐进性水肿，最终导致严重的神经系统损害，呈现运动失调，麻痹，痉挛和抽搐，昏迷，甚至死亡。

3．防治措施

（1）治疗措施：发病兔，可内服维生素 B_1 每次 1～2 片（每片含 10 毫克）；或肌肉注射维生素 B_1 制剂。一般说来，对症的疗效十分显著。

（2）预防措施：加强饲养管理，在日粮中适当添加酵母、谷物等，可有效预防本病的发生。

十五、维生素 E 缺乏症

维生素 E 又称生育酚，为脂溶性维生素。最早人们只把它当作抗不育维生素或妊娠性维生素，现在看来已经远远不够全面了。但是维生素 E 不仅对繁殖产生影响，而且也介入机体的新陈代谢，调节腺体功能和影响包括心肌在内的肌肉活动性。所以维生素 E 缺乏，可导致动物营养性肌肉萎缩。

1．病因

饲料中维生素 E 含量不足；长期喂含不饱和脂肪酸的饲料；肝脏患病时（如肝球虫感染），由于维生素 E 贮存减少，而利用和破坏增加，因而也易诱发本病。

2．诊断要点

（1）临床症状：患维生素 E 缺乏症的家兔，首先表现强直，继而呈现进行性肌无力。不爱运动，喜欢卧地，全身紧张性降低。肌肉萎缩，并引起运动障碍，步样不稳，平衡失调。食欲由减退到废绝，体重逐渐减轻。最终导致骨骼肌和心肌变性，全身衰竭，直至死亡，幼兔表现生长发育停滞。

维生素 E 缺乏时，母兔受胎率降低，流产或死胎；公兔可导致睾丸损伤和产生不合格的精子。

（2）病理变化：病理剖解可见骨骼肌、心肌、咬肌、膈肌萎缩，外观极度苍白，呈透明样变性。横纹消失和肌纤维碎裂，坏死纤维有钙化现象。

3. 防治措施

（1）治疗措施

①肌肉注射维生素E制剂，每次1 000国际单位，1日2次，连用2~3日，或肌肉注射亚硒钠维生素E注射液，每次0.5~1毫升，1日1次，连用2~3日。

②在饲料中补加维生素E（按每千克体重每日0.32~1.4毫克），自由采食，或饲料中添加维生素E和硒。

（2）预防措施：平时要补充青绿饲料，如大麦芽、苜蓿等都含有丰富的维生素E。据报道，1只每千克体重日消耗50~60克饲料的生长兔，在每千克饲料中至少应含右旋α-生育酚19~22毫克，或混旋α-生育酚24~28毫克，及时治疗肝脏疾患对预防治疗维生素E缺乏是必要的。

十六、胆碱缺乏症

胆碱通常被包括在维生素之中，以乙酰胆碱的形式存在于某些神经（胆碱能神经）末梢中，完成传导神经冲动的作用。一般情况下，家兔较少发生胆碱缺乏症，因为在动物细胞中容易从丝氨酸合成磷脂酰胆碱。一旦发生胆碱缺乏，其临床表现与维生素B_1缺乏相类似。

1. 病因

长期饲喂家兔蛋白质量不足或蛋白质质量不佳的饲料。

2. 诊断要点

（1）临床症状：病兔食欲减退，生长发育缓慢，体重逐渐减轻，呈中等程度贫血，肌肉萎缩无力，严重时有可能导致衰竭死亡。

（2）病理变化：可见脂肪肝或肝硬变，肌肉萎缩，呈灰白色。在显微镜下可见肝细胞脂肪变性，胆管增生。骨骼肌纹理消失，透明样变。

3. 防治措施

（1）治疗措施：药物治疗，可皮下注射比赛可灵（氯化氨甲酰甲胆碱）注射液，每次每千克体重0.05~0.08毫克，1日1次，根据病情确定是否连续用药。出现中毒症状（流涎、出汗、心跳急速）时，可应用阿托品解毒。

（2）预防措施：主要是加强饲养管理，平时要饲喂质量优良的、富含蛋白质的饲料。

十七、佝偻病

本病是幼龄动物软骨骨化障碍，骨基质钙盐沉着不足的慢性代谢性疾病。临床上以发育迟缓，骨骼肿大及骨骼变形为特征，也称维生素D缺乏症。

1. 病因

兔佝偻病病因有先天性和后天性2种。先天性佝偻病，是因为怀孕母兔在怀孕期间营养失调或缺乏光照，运动不足，饲料中缺乏无机盐、维生素D和蛋白质，以致胎儿发育不良而发病。后天性佝偻病主要是由于断乳过早，饲料中无机盐、蛋白质和维生素D不足，光照不足，胃肠道疾病等原因造成。

2. 诊断要点

先天性佝偻病，仔兔出生后表现体质软弱，肢体异常、变形，与同龄兔相比，能站立起来的时间延迟，而且站立不稳，走路摇摇晃晃，四肢向外倾斜。

后天性佝偻病，首先表现异嗜，舔啃墙壁、石块，采食垫草、泥沙或其他异物。精神不振，食欲减退，逐渐消瘦，生长发育缓慢，随着病情的发展出现骨骼的改变。主要表现是拱腰凹背，四肢关节疼痛，出现跛行。长管骨干骺端膨大。在体重的负荷之下，四肢骨骼逐渐弯曲。肋骨与肋软骨结合处肿大，出现特征性的佝偻病性"骨串球"。由于肋骨内陷，胸骨凸出，形成"鸡胸"。骨质疏松，易发生骨折。严重的病例，由于血钙降低而出现抽搐，随后死亡。

3. 防治措施

（1）治疗措施：

①10%葡萄糖酸钙注射液，每千克体重0.5～1.5毫升，1日2次，连用5～7日，静脉注射；维生素D_2胶性钙注射液（骨化醇胶性钙注射液）每次1 000～2 000单位，肌肉或皮下注射，每日1次，连用5～7日；维生素D_3注射液，每千克体重1 500～3 000单位，肌肉注射。使用本品前后，要给患兔补充钙剂或碳酸钙，每次0.5～1.0克，内服，每日1次。

②加强病兔护理，多晒太阳，在饲料中除保证充足的维生素D（一般为50～100国际单位）外，还要拌入骨粉、贝壳粉或石粉（日粮中1.5～3.0克），钙、磷比以1：（0.9～1.0）为宜。

（2）预防措施：对孕兔、哺乳母兔和幼兔要加强饲养管理，除保证充足的光照和适当的运动外，还要注意多种饲料的配合，尤其是钙、磷比例要适当，要补给无机盐，如骨粉、石粉等。

十八、全身性缺钙

钙不仅是动物骨骼的重要组成成分，而且也介入全身性的物质代谢，参与维持组织中的渗透压，同时也是血浆中的重要成分，钙缺乏主要表现为全身性的骨质软化。

1. 病因

（1）长期饲喂少钙饲料，逐渐引起钙缺乏，特别是怀孕、泌乳的母兔，由于钙需要量增加，更易引起本病。

（2）长期喂给单一的块根类饲料，因块根饲料中富含草酸，而草酸可产生脱钙作用，因此常出现钙缺乏。

（3）维生素D不足是钙缺乏的诱因，因为维生素D具有促进钙吸收的作用。

（4）肠道疾患，影响钙的吸收。

（5）饲料来源于土壤中钙贫乏的地区。

2. 诊断要点

（1）临床症状：病兔食欲减退，异嗜，啃吃被粪尿污染的垫草或吞食被毛。由于血钙的不足，机体便动用骨骼中的储备钙，钙质从骨骼中溶解出来，致使骨骼软化、膨大，并易发生骨折。成年兔表现面骨、长管骨肿大，跛行。幼兔可出现骨骼弯曲，最后可导致痉挛或麻痹。

（2）实验室检查：血清钙含量降低，严重的可下降至每升70毫克以下（正常含量为每升250毫克）。

3. 防治措施

（1）治疗措施：静脉注射10%葡萄糖酸钙注射液，每千克体重0.5~1.5毫升，每日1~2次，连用5~7日；口服碳酸钙或医用钙片；肌肉或皮下注射维生素制剂，如维生素D_2胶性钙注射液或维生素D_3注射液，用法用量参照佝偻病的治疗。

（2）预防措施：

①饲料应选用多品种组成的混合料，一种饲料贫钙时可由另一种高钙饲料来平衡。

②对妊娠和哺乳期的母兔，应在日粮中补加无机盐，如骨粉、石粉、贝壳粉或市售钙制剂等。数据显示，家兔乳中的钙含量为0.65%（磷为0.44%），约为牛乳中含量的5倍。1只泌乳母兔，每天随乳汁排出钙约1.3克，这就需要从饲料中补充。

③及时治疗家兔肠道疾患。

十九、磷缺乏症

磷代谢作用与钙代谢作用有密切关系，它们以化合物的形式存在于骨髓系统之中。而且，磷还参与蛋白质和酶类的构成，同时又以各种形式介入机体的全身物质代谢和细胞的特殊新陈代谢之中，在调节生命活动过程中起十分重要的作用。因此，磷属于重要生命物质。

1．病因

（1）长期饲喂缺磷饲料，绝对不能满足兔的需要，特别是幼兔、妊娠或哺乳母兔的需要。

（2）饲料中的钙、磷比例失调。饲料中的钙磷比例应该是2：1，钙比例低时，影响磷的吸收利用，在饲料中磷的总量约占饲料的0.5%。

2．诊断要点

（1）临床症状：患磷缺乏症的家兔，生长发育严重受阻，体重减轻，面骨和长骨端肿大，幼龄兔骨骼变形，与钙缺乏相类似。

（2）实验室检查：血清磷大大低于正常值，正常值为（每升54.7毫克）。

3．防治措施

（1）治疗措施：对已发病的家兔，可内服磷酸二氢钠，每次0.5~1.0克，1日3次；或静脉注射10%磷酸二氢钠注射液，每次0.1~0.5克，每日1次。

（2）预防措施：保证饲料中钙与磷有足够的含量及合理的搭配比例，适当增补维生素D。

第五节　兔的中毒病

一、霉菌中毒

霉菌中毒是指家兔采食了发霉饲料而引起的中毒性疾病，临床上以消化障碍为特征。

1. 病因

霉菌通常寄生于含淀粉的青粗饲料、糠麸和粮食中。目前已知的霉菌毒素有百余种，最常见的有黄曲霉素、赤霉菌毒素、白霉菌毒素、棕霉菌毒素等。如果温度（28℃左右）和湿度（80%～100%）适宜，就会大量的生长繁殖，有些霉菌在其代谢过程中产生毒素，家兔采食后，即可引起中毒。

2. 诊断要点

（1）病史调查：了解饲喂发霉饲料情况。

（2）临床症状：常呈急性发作，中毒家兔出现流涎，腹泻，粪便恶臭，混有黏液或血液。病兔精神沉郁，体温升高，呼吸促迫，运动不灵活，或倒地不起，最后衰竭死亡，妊娠母兔常引起流产或死胎。

（3）病理变化

肝脏明显肿大，表面呈淡黄色，肝实质变性，质地脆。胸膜、腹膜、肾、心肌及胃肠道出血，肠黏膜容易剥脱，肺充血、出血。

3. 防治措施

（1）治疗措施：本病无特效解毒方法。疑为中毒时应立即停喂发霉饲料，饥饿1日，而后更换饲喂优质饲料和清洁饮水，同时采取对症疗法。

①急性中毒，用0.1%高锰酸钾溶液或2%碳酸氢钠溶液洗胃、灌肠，然后内服5%硫酸钠溶液50毫升。

②静脉注射5%葡萄糖生理盐水50～100毫升、维生素C 0.5～1.0克，每日1～2次。

③久治无效者，则予以淘汰。

（2）预防措施：严禁饲喂发霉变质饲料是防止霉菌中毒的根本措施。应当保管饲料，严防饲料霉败。

二、有毒植物中毒

1. 病因

家兔食用了毒芹、曼陀罗、毛茛等等毒植物而引发本病。

2. 诊断要点

（1）病因调查：了解饲料中有无可疑的有毒植物。

（2）临床症状：有毒植物中毒的症状多种多样，缺乏特征性表现，有毒植物种类不同，其中毒后临床表现也不尽相同。有一种阔叶乳草所引起的中毒，可致兔的前后股及颈部肌肉麻痹，头常贴到笼底而不抬头，故称"低头病"；毒芹引起的中毒，主要表现为腹部膨大，痉挛（先由头部开始，逐渐波及全身），脉搏增速，呼吸困难；曼陀罗中毒呈现初期兴奋，后期变为衰弱、痉挛及麻痹；毛茛中毒则呈现流涎、呼吸缓慢、下痢、血尿等；三叶草中毒，主要是引起母兔的生殖机能障碍。

3. 防治措施

（1）治疗措施：家兔发生中毒时，必须立即停喂有毒饲草饲料，并内服1%鞣酸液或活性炭，并给以盐类泻剂，以加快毒物的排出。同时要进行对症治疗。根据病兔表现可采取补液、强心、镇痛等措施。

（2）预防措施：进行草源调查，了解本地区的毒草种类，以引起注意；饲养人员要学会识别毒草，防止误采有毒植物；为防止误食有毒植物，凡不认识的草类或怀疑有毒的植物，都要禁喂。

三、棉籽饼中毒

1. 病因

棉籽饼是良好的蛋白质饲料之一，常作日粮的辅助成分饲喂家兔。但棉籽饼中含有一定量的有毒物质棉籽酚。若长期过量喂给家兔未经脱毒处理的棉籽饼，即可引起中毒。

2. 诊断要点

（1）病史调查：有无长期饲喂棉籽饼的经历。

（2）临床症状：病初精神沉郁，食欲减退，患兔有轻度的震颤。继而出现明显的胃肠功能紊乱，病兔食欲废绝，先便秘后下痢，粪便中常混有黏液或血液。体温正常或略升高，脉搏疾速，呼吸促迫，尿频，有时排尿带痛，尿液呈红色。

（3）病理变化：胃肠道呈现出血性炎症的表现。肾脏肿大、水肿，皮质有点状出血。

（4）实验室检查：尿蛋白阳性，尿沉渣中可见肾上皮细胞及各种管型。

3. 防治措施

（1）治疗措施：发现中毒立即停喂棉籽饼，急性者内服盐类泻剂以清肠。之后根据病情对症处置，如补液、强心以维护全身机能。

（2）预防措施：平时不能以棉籽饼作为主饲料喂给家兔。为安全起见可采取下述方法对棉籽饼进行脱毒或减毒处理：①按重量比向棉籽饼内加入10%大麦粉或面粉后，掺水煮沸1小时，可使游离棉籽酚变为结合状态而失去毒性。②在含有棉籽饼的日粮中，加入适量的碳酸钙或硫酸亚铁，可在胃内减毒。

四、菜籽饼中毒

菜籽饼是油菜籽榨油后剩余的副产品，是富含蛋白质等营养的饲料，我国西北地区广泛用于饲喂各种动物。在菜籽饼中含有硫苷、芥酸等成分，硫苷在芥酸的作用下，可水解形成恶唑烷硫铜、异硫氰酸盐等毒性很强的物质，这些物质对胃肠黏膜具有较强的刺激和损害作用。

1. 病因

由于家兔长期食用不经脱毒处理的菜籽饼引起。

2. 诊断要点

（1）病史调查：有无长期饲喂菜籽饼史。

（2）临床症状：呼吸加快，可视黏膜发绀，肚腹胀满，有轻微的腹痛表现，继而出现腹泻，粪便中带血。严重的口流白沫，瞳孔散大，末梢部发凉，全身无力，站立不稳。孕兔可能发生流产，病兔常因虚脱而死亡。

（3）病理变化：胃肠黏膜充血、有点状或小片状出血。肾、肝等实质脏器肿胀、质地变脆。

（4）实验室检查：取菜籽饼20克，加等量蒸馏水混合搅拌，静置过夜，取上清液5毫升，加浓硝酸3~4滴，若溶解显示红色，证明有异硫氰酸盐存在。

3．防治措施

（1）治疗措施：无特效解毒药。发现中毒后，立即停喂菜籽饼，灌服0.1%高锰酸钾溶液。根据病兔的表现，可实施对症治疗，应着重于保护肝，维护心、肾机能；在用药过程中，可适当添加维生素C制剂。

（2）预防措施：喂饲前，对菜籽饼要进行去毒处理，最简便的方法是浸泡煮沸法，即将菜籽饼粉碎后用热水浸泡12～24小时，弃掉浸泡液再加水煮沸1～2小时，可使毒素蒸发，然后再饲喂家兔。

五、马铃薯中毒

1．病因

马铃薯含有马铃薯毒素，又称龙葵素。发芽的或腐烂的马铃薯，以及由开花到结有绿果的茎叶含毒量最多，家兔大量采食后，极易引起中毒。

2．诊断要点

（1）病史调查：有无饲喂发芽、腐烂马铃薯或马铃薯茎、叶史。

（2）临床症状：病兔精神沉郁，结膜潮红或发绀。拒食，流涎，有轻度腹痛，下痢，便中常混有血液；有时出现腹胀；四肢、阴囊、乳房、头颈部出现疹块。晚期可能出现进行性麻痹，呈现站立不稳、行步摇晃等状态。

3．防治措施

（1）治疗措施：一旦发现中毒，立即停喂马铃薯类饲料。对中毒兔先服盐类或油类泻剂，之后根据病情，采取适当的对症措施。

（2）预防措施：用马铃薯作饲料时，喂量不宜过多，应逐渐增加喂量；不宜饲喂发芽或腐烂的马铃薯，如要利用，则应煮熟后再喂。煮过马铃薯的水，内含多量的龙葵素，不应混入饲料内，马铃薯茎叶用开水烫过后，方可做饲料。

六、灭鼠药中毒

灭鼠药的种类较多，目前我国使用的可达20余种，根据毒性作用速度分为2类。一类是速效药，主要包括磷化锌、毒鼠磷、甘氟等；另一类是缓效药，主要有敌鼠钠盐、杀鼠灵、氯鼠铜等。将上述药制成0.5%～2.0%的毒饵，是当前的主要灭鼠方法。

1. 病因

灭鼠药中毒都是由于家兔误食灭鼠毒饵所致。主要由于对灭鼠药管理不严格，致使其污染饲料或饲养环境；在兔舍或饲料间投放灭鼠毒饵时，当事人责任心不强，防止家兔接触和防止污染饲料的措施不力；饲喂用具被灭鼠药污染等原因所致。

2. 诊断要点

（1）病史调查：了解近期内是否在兔舍或饲料间放置过灭鼠毒饵。

（2）临床症状：不同种类的灭鼠药中毒，其临床表现各异。

①磷化锌中毒：潜伏期为 $0.5 \sim 1.0$ 小时，病初表现拒食、作呕吐状或呕吐，腹痛、腹泻，粪便带血，呼吸困难，继而发生意识障碍，抽搐，以致昏迷死亡。

②毒鼠磷中毒：潜伏期约 $4 \sim 6$ 小时，主要表现为全身出汗，心跳急促，呼吸困难，大量流涎，腹泻，肠音增强，瞳孔缩小。肌肉呈纤维性颤动（肉跳），不久陷入麻痹，昏迷倒地。

③甘氟中毒：潜伏期 $0.5 \sim 2.0$ 小时，病兔呈现食欲不振，呕吐，口渴，心悸，大小便失禁，呼吸抑制，发绀，阵发性抽搐等。

④敌鼠钠盐和杀鼠灵中毒：中毒3天后开始出现症状，表现不食，精神不振，呕吐，进而呈现出血性素质，如鼻、齿龈出血，血便血尿，皮肤紫癜，并伴发关节肿大。严重的发生休克。

3. 防治措施

（1）治疗措施

①洗胃与缓泻：中毒之初，毒物尚在胃内而未被吸收时，用温水、0.1%高锰酸钾液、5%重曹水反复洗胃；毒物已进入肠道时，内服盐类泻剂，以促进毒物排出。

②对症治疗：根据病情可适当采取补液、强心、镇痉等疗法。

③应用特效解毒剂：有些灭鼠药中毒，有特效解毒药物，可及时应用。如毒鼠磷中毒可皮下或肌肉注射硫酸阿托品注射液，每次 0.5 毫克；肌肉或静脉注射碘解磷定，每千克体重每次30毫克；也可应用氯解磷定或双复磷注射液，用量及用法同碘解磷定。敌鼠钠盐中毒用维生素 K_1 具有特效，每千克体

重 0.1~0.5 毫克，1 日 2~3 次肌肉注射，连用 5~7 日。

（2）预防措施

①在购买使用灭鼠药时，都必须弄清药物种类，药性，并由专人保管。严禁使用国家明令禁止使用的灭鼠药物。

②在兔舍及饲料间投放毒饵时，一定将药物放在家兔活动不到的地方，距饲料堆要有一定的距离，同时要注意及时清理。

③严禁使用饲喂用具盛放灭鼠药物。

七、食盐中毒

适量的食盐不但可以增进食欲，而且还有助消化，但饲喂过量，可引起中毒，甚至死亡。临床上以神经症状和消化机能紊乱为特征。

1. 病因

有些地区由于饮用水中含盐量高，不得不用咸水（含盐量可达 1.3%）作家兔的饮用水；或在饲料中加盐过多，并饮水不足，易发食盐中毒。

2. 诊断要点

（1）病因调查：饲料中加盐量是否过多；饮水是否充足；是否饮用咸水。

（2）临床症状：病初食欲减退，精神沉郁，结膜潮红，下痢，口渴。继而出现兴奋不安，头部震颤，步样蹒跚。严重的呈癫痫样痉挛，角弓反张，呼吸困难，最后卧地不起而死。

3. 防治措施

（1）治疗措施：发现食盐中毒后，应勤饮水，同时可内服油类泻剂 5~10 毫升。根据症状可采取镇静、补液、强心等措施。

（2）预防措施：饮水中含盐量不能过高，日粮中的含盐量不应超过 0.5%。平时要供应充足的饮水。

第六节　兔的外科病

一、眼结膜炎

眼结膜炎是眼睑结膜、眼球结膜的炎症，是眼病中最常见的疾病。

1. 病因

该病的发病原因是多方面的，但主要是机械性原因，如尘沙、谷皮、草屑、草籽、被毛等异物落入眼内；眼睑内、外翻及倒睫等眼部外伤；寄生虫的寄生等。物理化学性原因，如烟、氨气、石灰等的刺激；化学消毒药及变质眼药水的刺激；强日光直射，紫外线的刺激，以及高温作用等。细菌感染，并发于某些传染病和内科病（如传染性鼻炎、维生素A缺乏症等），继发于邻近器官或组织的炎症。

2. 诊断要点

（1）黏液性结膜炎：一般症状较轻，为结膜表层的炎症。初期，结膜轻度潮红、肿胀，分泌物为浆液性且量较少，随着病程的发展，分泌物变为黏液性，量也增多，眼睑闭合。眼睑及两颊皮肤由于泪水及分泌物的长期刺激而发炎，绒毛脱落，有痒感。治疗不及时时，会发展为化脓性结膜炎。

（2）化脓性结膜炎：一般为细菌感染所致。上述症状加剧，肿胀明显，疼痛剧烈，睑裂变小，从眼内流出或在结膜囊内积聚多量黄白色脓性分泌物，久之脓汁浓稠，上、下眼睑充血肿胀，常粘着在一起。炎症常侵害角膜，引起角膜混浊、溃疡，甚至穿孔而继发全眼球炎，可造成家兔失明。

3. 防治措施

（1）治疗措施：

①轻者可热敷，并用2%硼酸溶液冲洗患眼，用抗生素眼药水滴眼。疼痛剧烈者，可用3%盐酸普鲁卡因滴眼。

②对重症病兔，可肌肉注射抗生素或磺胺类药物。由维生素A缺乏或巴氏杆菌病等继发者，应及时治疗原发性疾病。

在进行上述疗法的同时，配合中药治疗，效果较好。可用蒲公英32克，水煎，头煎内服，二煎洗眼。或用紫花地丁等清热解毒中草药，水煎内服，以利清热祛风，平肝明目。

（2）预防措施：保持兔舍清洁卫生，通风良好；使用具有强烈刺激作用的消毒液消毒兔舍后，不要立即放入家兔；经常喂给富含维生素A的饲料如胡萝卜、黄玉米、青草等。

二、中耳炎

家兔鼓室及耳管的炎症称为中耳炎。

1. 病因

鼓膜穿孔，外耳道炎症，感冒、流感、传染性鼻炎或化脓性结膜炎等继发感染，均可引起中耳炎。感染的细菌一般为多杀性巴氏杆菌，可成为兔群巴氏杆菌病的传染来源。多发生于青年兔及成年兔，仔兔少见。

2. 诊断要点

单侧性中耳炎时，病兔将头颈倾向患侧，使患耳朝下，有时出现回转、滚转运动，故又称"斜颈病"。两侧性中耳炎时，病兔低头伸颈。化脓时，体温升高，精神不振，食欲不好。脓汁潴留时，听觉迟钝。鼓室内壁充血变红，积有奶油状的白色浓性渗出物，若鼓膜破裂，脓性渗出物可流出外耳道。感染可扩散到脑部，继而引起化脓性脑膜脑炎。本病的病程多呈慢性经过，可长达1年以上。

3. 防治措施

（1）治疗措施：局部可用消毒剂洗涤，排液，用棉球吸干，滴入抗生素，全身应用抗生素治疗。对重症顽固难治的病兔，应予淘汰，以减少巴氏杆菌的传播机会。

（2）预防措施：主要是及时治疗兔的外耳道炎症、流感、鼻炎、结膜炎等疾病，建立无多杀性巴氏杆菌病的兔群。

三、湿性皮炎

本病为家兔皮肤的慢性炎症，常多发于下颌、颈等部位下，所以又称为垂涎病、湿肉垂病等。多呈散发性流行。

1. 病因

多因下颌、颈下长期受潮湿，继发感染而造成。该部长期受潮湿的原因通常有3种情况：

①牙齿、口腔疾病：牙齿咬合错位，口炎治疗不及时而引起多涎。

②饮水方法不当，用瓦罐、水槽、盆盆等平而大的饮水器具给水。

③饲养管理不善，垫草脏湿，长期不换。长期腹泻时，肛门及后肢可发生湿性皮炎。

2．诊断要点

局部皮肤发炎，部分脱毛、糜烂、溃疡，甚至坏死。可继发各种细菌感染，常为脓杆菌感染，将被毛染为绿色，有人称其为"绿毛病"、"蓝毛病"；其次为坏死杆菌感染。感染可通过淋巴系统和血液向全身扩散。

3．防治措施

（1）治疗措施：治疗时，先剪去受害部被毛，用0.1%新洁尔灭液洗净，局部可涂抗生素软膏，或剪毛后用3%双氧水清洗消毒，涂擦碘酒。感染严重者，需全身应用抗生素。

（2）预防措施：消除病因，及时治疗口腔及牙齿疾病；改善饲养管理，改用瓶子给水，常更换垫草。

四、外伤

1．病因

各种机械性的外力作用均可造成外伤。如笼舍的铁皮、铁钉、铁丝断头等锐利物的刺（划）伤；咬斗及其他动物的咬伤；剪毛时的误伤等。

2．诊断要点

外伤可分为新鲜创和化脓创。

（1）新鲜创：可见出血、疼痛和创口裂开。如伤及四肢可发生跛行。伤剧者，可出现不同程度的全身症状，咬伤可造成遍体鳞伤。

（2）化脓创：患部疼痛、肿胀，局部增温，创口流脓或形成脓痂。有时会出现体温升高，精神沉郁，食欲减退。化脓性炎症消退后，创内出现肉芽，变为肉芽创。良好肉芽为红色、平整、颗粒均匀、较坚实，表面附有少量黏稠的灰白色脓性分泌物。

3．防治措施

（1）治疗措施：治疗轻伤，局部剪毛涂擦碘酒即可痊愈。对新鲜创要采取以下3种措施。

①止血：除用压迫、钳夹、结扎等方法外，可局部应用止血粉。必要时全身应用止血剂，如安络血、维生素K_3、氯化钙等。

②清创：先用消毒纱布盖住伤口，剪除周围被毛，用生理盐水或0.1%新洁尔灭液洗净创口周围，用3%碘酒消毒创口周围。除去纱布，仔细清除创内

异物和脱落组织，反复用生理盐水洗涤创内，并用纱布吸干，撒布磺胺粉或其他抗菌消炎药物。

③包扎或缝合：创缘整齐，创面清洁，外科处理较彻底时，可进行密闭缝合；有感染危险时，进行部分缝合。

伤口小而深或污染严重时，及时注射破伤风抗毒素，应用抗生素进行治疗。

对化脓创，清洁创口周围后，用0.1%高锰酸钾液、3%双氧水或0.1%新洁尔灭液等冲洗创面，除去深部异物和坏死组织，排出脓汁，创内涂抹魏氏流膏、松碘流膏等。

对肉芽创，清理创口周围，用生理盐水轻轻清洗创面后，涂抹刺激性小、能促进肉芽及上皮生长的药物，如松碘流膏、大黄软膏、3%龙胆紫等。肉芽赘生时，可切除或用硫酸铜腐蚀。

（2）预防措施：消除笼舍内的尖锐物，笼内养兔不能过密，同性别的成年兔分开饲养，防止猫、狗等进入兔舍，小心剪毛。

五、脓肿

在机体的任何组织或器官，因化脓性炎症形成局限性脓汁积聚，并被脓肿膜包裹称为脓肿。

1. 病因

多数脓肿是经小伤口感染病菌而引起，注射时消毒不严也可引起脓肿，也有经血液和淋巴转移而形成脓肿的。皮下或肌肉内注射各种强刺激剂时，可发生非生物性脓肿。另外，当机体缺乏维生素 B_2 和维生素 B_{12} 时，机体对化脓菌的抵抗力降低，是本病发生的诱因。

2. 诊断要点

脓肿有急性脓肿和慢性脓肿；浅在性脓肿和深在性脓肿之分。

（1）急性浅在性脓肿：局部增温、疼痛和肿胀。肿胀中央逐渐软化而有波动感，并有自溃倾向，皮肤变薄，被毛脱落，继之皮肤破溃向外排脓。

（2）急性深在性脓肿：初期炎症表现不明显，注意观察可发现患部皮肤和皮下组织轻微炎性水肿，触诊疼痛，常有压痕，有时活动不自如。脓肿成熟后，波动感也不明显，深部穿刺见到脓汁方可确诊（图4-28）。

（3）慢性脓肿：发生发展缓慢，局部炎症反应轻微或无。有的脓肿膜很薄，外表相似囊肿，有波动感；有的脓肿壁增生大量的纤维性结缔组织，外表好似纤维瘤。有的脓汁逐渐浓缩甚至钙化。

应与血肿相鉴别，血肿发生较脓肿迅速，穿刺见血液。

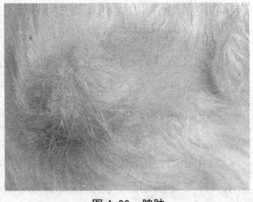

图 4-28　脓肿

3．防治措施

（1）治疗措施：初期脓肿尚未成熟时，连续应用足够量的抗生素或磺胺类药物；患部剪毛消毒后涂敷复方醋酸铅散、雄黄散等，以促进炎症尽快消散。当局部出现明显的波动感，除脓肿已成熟时，应立即进行手术治疗。具体方法有2种：

①脓汁抽出法：局部剪毛消毒后用注射器抽出脓汁，然后用生理盐水反复注入，冲洗脓腔，再抽净腔中液体，最后灌注青霉素溶液。本法适用于关节部脓肿膜形成良好的小脓肿。

②肿切开法：用于较大脓肿。首先局部剃毛，用碘酊消毒，在最软化部位切开，同时应尽量在波动区最下部切开，但不应超过脓肿壁。切开后任脓汁自行流出，不许压挤或擦拭脓肿腔，然后用消毒剂冲洗，除去脓汁及异物等。必要时引流、扩大切口或做相对口。

（2）预防措施：该病应消除引起外伤的原因，加强饲养管理，补充富含维生素A、维生素B、维生素C和蛋白质的饲料。

六、烧伤

烧伤是兔体受到高温或化学物质的作用，所发生的局部组织损伤，前者为温热性烧伤，后者为化学性烧伤。

1．病因

具有烧灼作用的化学物质，如强酸、强碱、磷等直接作用于兔体，可造成化学性烧伤。火焰、热的固体、热的液体、热的气体，以及日光照射等可引起温热性烧伤。

2. 诊断要点

温热性烧伤临床上常分为三度。

（1）一度烧伤：只是皮肤表层损伤，局部血管扩张充血，有轻微的热、痛、肿。1周左右可自行治愈。

（2）二度烧伤：损伤达皮肤浅层或真皮深层，但有皮肤残留。血管透性增大，血浆外渗，出现痛性水肿，并向下沉积。

（3）三度烧伤：损伤达皮肤全层，有时可达肌肉或骨。组织蛋白凝固，血管栓塞，形成焦痂。疼痛轻或无，伤面温度下降。烧伤后可发生休克、血尿、中毒、肺水肿等全身症状。酸性烧伤主要表现为：蛋白凝固，形成厚痂，呈干性坏死状，伤面干燥，边缘分界清楚，肿胀较轻。碱性烧伤，对组织的破坏力及渗透力强，可皂化脂肪组织。磷性烧伤，局部损伤较重，磷经创面吸收后易造成严重的肝、肾损害。

根据发病原因和临床表现，不难作出诊断。

3. 防治措施

对于温热性烧伤，伤后保持患兔安静，并注意保暖。可应用止痛剂、强心剂等。饮水中加入适量食盐和碳酸氢钠。拒食时可经静脉或腹腔大量补液。处理创面时，剪除被毛，用温水洗去污物，再用生理盐水洗净拭干，最后用75%酒精消毒。眼部烧伤用2%～3%硼酸水洗涤。局部烧伤可涂3%龙胆紫或5%鞣酸液等。对于酸性烧伤，伤后立即用大量清水冲洗，然后用5%碳酸氢钠液中和，石炭酸烧伤时，可涂蓖麻油，以减慢石炭酸的吸收。对于碱性烧伤，用大量清水冲洗后，可用食醋或10%醋酸中和，苛性钠可用5%氯化铵中和。对于磷性烧伤，应尽快除去伤部沾染的磷，用1%硫酸铜涂于患部，使磷转变成黑色的磷化铜，用镊子除去，以大量水冲洗，再以5%碳酸氢钠液湿敷，以中和磷酸。

七、冻伤

1. 病因

外界气候因素影响，如在严寒季节兔笼舍保温差、湿度大，易造成冻伤。机体内在因素影响，如品种的耐寒能力，以及饥饿、衰竭、活动量不足、仔幼兔适应性差等也是冻伤的发病诱因。常发生于机体末梢、被毛少及皮肤薄嫩处，如耳、足部。

2．诊断要点

兔的冻伤临床上一般分三度。

（1）一度冻伤：局部肿胀、发红、疼痛，稍温热。

（2）二度冻伤：局部出现充满透明液体的水泡，疼痛，水泡破溃后，形成溃疡，愈后留有痂痕。

（3）三度冻伤：局部组织坏死、干枯、皱缩，以后分离脱落。也可全身冻伤致死。

3．防治措施

（1）治疗措施：将患兔转移到温暖处，对受冻部加温，从低温开始逐渐加温。轻者局部涂油脂，如猪油。为促进肿胀消散，可涂擦1%碘溶液、碘甘油、3%樟脑软膏等，也可用紫外线照射。出现水泡时，要预防或消除感染，改善局部血液循环，促进炎性肿胀的消散，提高组织的修复能力。早期应用抗生素，局部涂3%龙胆紫液或水杨酸氧化锌软膏等。三度冻伤时，要防止发生湿性坏疽，切除坏死组织，涂抗生素软膏。全身可应用抗生素，静脉注射葡萄糖、维生素C和维生素B_1等。

（2）预防措施：在严寒季节，注意兔笼舍的保温，多加垫草，以及采取其他取暖措施。北方严寒地区，宜养耐寒品种的家兔。

八、直肠脱及肛脱

直肠后段全层脱出于肛门外称为直肠脱；若仅直肠后段黏膜脱出肛门外称为肛脱。

1．病因

直肠壁组织较松弛，当慢性便秘、长期腹泻、直肠有炎症时，腹内压增高和过度努责是本病的主要原因。另外，营养不良，年老体弱，长期患慢性消耗性疾病，某些维生素缺乏等也是本病发生的诱因。

2．诊断要点

发病初期仅在排便后见少量直肠黏膜外翻，为粉红或鲜红色，但仍能恢复。如进一步发展，脱出部不能自行恢复，引起水肿淤血，呈暗红色或青紫色，易出血。最后黏膜坏死、结痂，并附有兔毛、粪便和草屑。严重者排粪困难，体温、食欲等有明显变化，救治不及时也可引起家兔死亡。

3.防治措施

（1）治疗措施：病症较轻者，用0.5%高锰酸钾液、0.1%新洁尔灭液或3%明矾水等清洗消毒后，提起后肢，慢慢复位。病症较重者，脱出时间长，水肿严重，甚至部分黏膜已发生坏死时，用消毒液清洗消毒后，小心剪除坏死组织，轻轻整复，并伸入手指，判定是否有套叠或绞扭。整复困难时，用注射针头刺水肿部，用浸有高渗液的温纱布包裹，并稍用力挤出水肿液，再行整复。整复后肛门周围作荷包缝合，但要松紧适度，以不影响排便为宜。为防止剧烈努责时复发，可在肛门上方注射1%盐酸普鲁卡因液3~5毫升。若脱出部坏死糜烂严重，无法整复时，则行截除手术。

（2）预防措施：加强饲养管理，适当增加光照和运动，保持兔舍清洁干燥，及时治疗消化系统疾病，对发病兔要及早治疗。

九、骨折

1.病因

多因兔笼底板粗糙、不整、有缝隙，肢体陷入后家兔惊慌、挣扎而发生骨折。幼兔足、肢可陷入笼底孔眼内而扭断。运输中剧烈跌撞也可造成骨折，软骨病时更易发生骨折。

2.诊断要点

胫骨、腓骨最易发生骨折，患肢拖拽不能负重，骨折部异常活动，被动运动时，有骨摩擦音、疼痛，挣扎，尖叫，数小时后肿胀明显。有的骨断端可刺破皮肤，变成开放性骨折。

3.防治措施

（1）治疗措施：对非开放性骨折，先复位，用纱布或棉花衬垫于骨折部上下关节处，然后放上小木（竹）条（长度稍超过上下关节），并用绷带包扎固定，3~4周后拆除。对开放性骨折，发现后及时彻底清创消毒，除去异物，复位后创部覆盖无菌纱布，再按非开放性骨折固定患肢，注射抗生素防止感染。

（2）预防措施：为防止骨折，应经常检查兔笼，笼底板每片宽度2.0~2.5厘米为宜，各片间距空隙在1.0~1.1厘米，能漏掉粪粒即可。

十、脚垫及脚皮炎

本病后肢最为常见，前肢发生较少。

1. 病因

主要原因是脚部在笼底或粗糙坚硬地面上所承受的压力过大，引起脚部皮肤及脚垫的压迫性坏死，故幼兔和体型小的品种很少发生。兔过于神经质或发情时，经常踏脚，易发生本病。笼底潮湿，粪尿浸渍，易引起溃疡性脚垫、脚皮炎。

2. 诊断要点

患部覆有干性痂皮，或有大小不等的溃疡区。有时痂皮下、溃疡上皮及周围发生脓肿。病兔常弓背，使其重心前移，以致前肢继发本病，走动时高抬脚。严重者不吃食，体重下降，甚至引起败血症而死亡。

3. 防治措施

（1）治疗措施：局部病变按一般外科处理，除去干燥的痂皮、坏死溃疡组织，用0.1%高锰酸钾溶液等消毒液冲洗，之后涂氧化锌软膏、碘软膏或其他消炎并能促进上皮生长的膏剂。有脓肿时，应切开排脓，同时配合使用抗生素治疗。

（2）预防措施：笼底应平整，用竹板较好。经常更换软垫，保持清洁、干燥，可放一块休息板，以防再度损伤，加速愈合。

十一、肿瘤

家兔的肿瘤常见于腹腔内部器官，肾脏、子宫多发。家兔常见的肿瘤有：肾母细胞瘤、子宫腺癌、消化道及生殖道的平滑肌瘤和平滑肌肉瘤、阴道鳞状细胞癌、乳头状瘤病、肝脏肿瘤、乳腺肿瘤、淋巴肉瘤病等。

1. 病因

该病发生的病因主要有内因和外因2种。

①内因：肿瘤是机体某一部分组织细胞在某些内外因素的作用下，形成的一种异常的增生肿块。内因主要受免疫状态、神经系统、内分泌系统、遗传因素、胚胎残存组织、品种、年龄、性别以及营养因素等影响。例如，老龄、雌性、免疫缺陷者易发生肿瘤。

②外因：外部因素主要有物理因素、化学因素和生物因素。例如，机械

性的长期刺激，紫外线电离辐射；3-苯并芘、2-苯蒽、偶氮化合物、亚硝胺类化合物等均有致癌作用；病毒、霉菌及其毒素，寄生虫的寄生等均可引起肿瘤发生。

2．诊断要点

肿瘤可分为良性肿瘤和恶性肿瘤。

（1）良性肿瘤：呈膨胀性缓慢生长，有时可停止生长，形成包膜；肿瘤呈球形、椭圆形、结节或乳头状，表面光滑整齐，界限明显，一般不破溃；无痛，不易出血，质地软硬均匀一致，有弹性和压缩性，不转移，不复发；除局部的压迫作用外，一般无全身反应。

（2）恶性肿瘤：呈浸润性迅速生长，很少停止生长，不形成包膜，呈多种形态，表面不整齐，界限不明显，常形成溃疡；有痛，易出血，质地软硬不均，无弹性和压缩性；易转移复发；常有贫血、消瘦等恶病质。有条件时应做组织学检查，良性肿瘤也可转变为恶性肿瘤。

3．防治措施

（1）治疗措施：对于肿瘤应早期发现，早期诊断，早期治疗。早期可采用手术摘除、切除或结扎。手术时，要注意止血，摘除彻底，防止复发和转移。氢化可的松、氟美松、丙酸睾丸酮、己烯雌酚等可抑制肿瘤的生长。体外部肿瘤可采用烧烙疗法或涂中药鸦胆子治疗。方法是：鸦胆子去壳，将实仁挤压取油，用油涂于肿瘤根部，每日2～3次，一般7～9日肿瘤干枯脱落。藤梨根或鲜凤尾草25克，水煎内服，每日1剂，对肿瘤有抑制作用。

（2）预防措施：要尽量避免和消除诱发本病的外界因素。

第七节　兔的产科病

一、乳房炎

本病多发生于产后5～20天的哺乳母兔。

1．病因

本病的发病原因很多，但在临床上多见以下3种。

（1）由于外伤而引起链球菌、葡萄球菌、大肠杆菌、绿脓杆菌等病原微生物的侵入感染。

（2）笼舍内的锐利物损伤乳房，以及泌乳不足、仔兔饥饿，吮乳时咬破乳头。

（3）产前、产后饲喂精料和青饲料过多，使母兔乳汁过多、过稠，有些母兔拒绝给仔兔哺乳，均可使乳汁在乳房内长时间过量蓄积而引起乳房炎。

2. 诊断要点

乳腺肿胀、发热、敏感，继则患部皮肤发红，以至变成蓝紫色，故俗称"蓝乳房病"。病兔行走困难，拒绝哺乳。局部可化脓形成脓肿，或感染扩散引起败血症，体温可达40℃以上，出现精神不振，食欲减退等。

3. 防治措施

（1）治疗措施：发病后应立即隔离仔兔，仔兔由其他母兔代哺或人工喂养。对轻度乳房炎，可挤出乳汁，局部涂以消炎软膏，如10%鱼石脂软膏、10%樟脑软膏、氧化锌软膏或碘软膏等。局部封闭疗法，如用0.25%~1.0%盐酸普鲁卡因液5~10毫升，加入少量青霉素，平行腹壁刺入针头，注射于乳房基部。发生脓肿时，应及早纵切开，排出脓汁，然后用3%双氧水等冲洗，按化脓创治疗。深部脓肿，可用注射器先抽出脓汁，向脓肿腔内注入青霉素。全身可应用青霉素、头孢类药物，以防发生败血症，愈后不宜再用作繁殖母兔。

（2）预防措施：保持笼舍的清洁卫生，清除玻璃渣、木屑、铁丝挂刺等锐利物，尤其是笼箱出入口要平滑，以防乳房外伤。产前、产后适当调整精料和青饲料比例，以防乳汁过多或不足。

二、缺乳和无乳

母兔在产后哺乳期间乳汁分泌量少或者不分泌乳汁。

1. 病因

主要是母兔在怀孕期和哺乳期饲喂不当或饲料营养不全所造成。母兔患有某些寄生虫病、热性传染病、乳房疾病、内分泌失调以及其他慢性消耗性疾病；过早交配，乳腺发育不全，或年龄过大，乳腺萎缩也可造成缺乳或无乳。有些与遗传因素有关。

2．诊断要点

仔兔吃奶次数增多，但吃不饱，在巢箱内爬动、鸣叫，逐渐消瘦，增重缓慢，发育不良，甚至因饥饿而死亡。母兔不愿哺乳，乳房及乳头松弛、柔软或萎缩变小，乳腺不发达。用手挤时挤不出乳汁或挤出量很少。

3．防治措施

（1）治疗措施：内服人用催乳灵1片，每日1次，连用3～5次。试用激素治疗，用垂体后叶素10单位，皮下或肌肉注射，苯甲酸雌二醇0.5～1.0毫升，肌肉注射。

选用催乳和开胃健脾的中草药。

方剂1：王不留行、天花粉各30克，漏芦20克，僵蚕15克，猪蹄1只，水煮后分数次调拌在饲料中喂给。

方剂2：王不留行20克，通草、穿山甲、白术各7克，白芍、山楂、陈皮、党参各10克，共研末，分数次调在饲料中喂给。

（2）预防措施

应改善饲养管理，喂给母兔全价饲料，增加精饲料和青绿多汁饲料。防止早配，淘汰过老母兔，选育饲养母性好泌乳足的品种。

三、生殖器炎症

家兔生殖器官常见的炎症有阴部炎、阴道炎、子宫内膜炎以及公兔的包皮炎和睾丸炎等。

1．病因

通常是在配种、分娩、难产时受损伤或因笼舍地面污秽不洁，感染而发生，也可继发于其他疾病。

母兔发情后交配不及时，或外阴唇与笼底摩擦感染而发炎。

公兔包皮内蓄积的污垢刺激或卧于被粪尿污染的垫草上而发炎。也可因交配时感染。睾丸外伤、寄生虫寄生等可引起睾丸炎，睾丸炎也可继发于副伤寒、兔梅毒等传染病。

2．诊断要点

根据炎症的性质，可将生殖器炎症分为黏液性、黏液脓性、脓性及蜂窝织炎性等数种。轻者表现局部症状，重者则出现体温升高、食欲减退等全身症状。

（1）阴部炎：外阴唇肿大，潮红湿润，有痒感，可发生溃烂、结痂；母兔拒配。

（2）阴道炎：从阴道内流出不同性状的分泌物，常附着在阴门及尾毛上，形成薄痂；患兔排便时呻吟、拱背；阴道黏膜肿胀、充血及溢血，甚至形成脓肿和溃烂，疼痛。

（3）子宫内膜炎：急性者，多发生于产后及流产后，全身症状明显，时常努责，有时随同努责从阴道内排出较臭、污秽不洁的红褐色黏液或脓性分泌物。慢性者，全身症状不明显，周期性地从阴道内排出少量混浊的黏液，即使发情也屡配不孕。慢性者多因急性子宫内膜炎治疗不及时转化而成。

（4）包皮炎：包皮肿大，热痛，有痒感。排尿时小心，尿流不整齐，有的呈喷洒状流出。包皮内常有垢块，坚硬如石，严重者排尿困难。

（5）睾丸炎：睾丸实质肿胀、增温、疼痛，精索变粗，阴囊皮肤呈炎性浸润（图4-29）。可化脓破溃，甚至蔓延继发化脓性腹膜炎，病兔不愿走动。

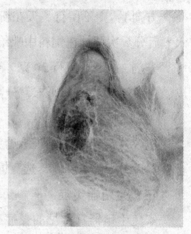

图4-29　兔睾丸炎

3. 防治措施

（1）治疗措施：轻者局部处置即可，重者在局部处置的同时，要结合全身症状应用抗生素疗法。

为排出渗出物，可用2%的温碳酸氢钠液、1%～2%盐苏打液冲洗阴道。水肿严重时，可用2%～5%温高渗盐水或硫酸镁呋喃西林液冲洗。为消除感染，局部常用0.1%高锰酸钾溶液、3%双氧水、0.1%雷佛奴耳或0.1%新洁尔灭溶液冲洗，冲洗后要排出消毒液。有化脓感染者，冲洗后涂抹碘甘油、青霉素软膏等。

为促进子宫腔内分泌物的排出，可使用子宫收缩剂，如皮下注射垂体后叶素2万～4万单位。

患睾丸炎时局部可温敷，化脓性睾丸炎可去势（阉割）。也可服用具有清热解毒、抗菌消炎、收敛止痒功效的中草药。

（2）预防措施：措施主要是搞好笼舍的清洁卫生工作，定期消毒，隔离治疗病兔，避免交配时互相传播。

四、子宫出血

妊娠母兔在临产前，出现异常的外阴出血症状，多为子宫出血。

1．病因

子宫出血是由于绒毛膜或子宫壁的血管破裂所引起。主要是孕兔腹部直接受暴力作用，使子宫壁血管（母体血）或绒毛膜血管（胎儿血）损伤、破裂所致。此外，胎儿生长过大、分娩时间过长、子宫肿瘤以及流产前后均可发生子宫出血。

2．诊断要点

出血少时，血液常积于子宫壁与胎膜之间，不向外流出，不易确诊，可见先兆性流产的症状。出血量大时，除腹痛不安，频频起卧等流产预兆外，阴道流出褐色血块，严重时黏膜苍白，肌肉颤抖，甚至死亡。

3．防治措施

（1）治疗措施：可皮下注射0.1%肾上腺素0.05毫升或应用其他止血药。病兔兴奋不安时，可给予镇静剂。出血不易制止，危及病兔生命时，应及时进行人工流产，流产后注射垂体后叶素1毫升、麦角新碱注射液1毫升，或内服麦角精1/4片，以促使子宫收缩，制止出血。

（2）预防措施：防止孕兔腹部受到暴力袭击，发现子宫出血后令孕兔安静休息，同时腰部冷敷。禁用强心和输液疗法，尽量少做不必要的阴道内检查。

五、流产与死产

母兔怀孕中止，排出未足月的胎儿称为流产；怀孕足月但产出死的胎儿称为死产。

1．病因

引起流产与死产的原因很多。各种机械性因素，如剧烈运动、捕捉保定方法不当、摸胎用力过大、产箱过高、洞门太小或笼舍狭小使腹部受挤压撞击等均可造成流产。强烈的噪音、突然的响声、猫狗及野生动物窜入造成惊吓，饲料营养不全，尤其是某些维生素和微量元素不足，饲料中毒，生殖器官疾病，以及某些急性、热性传染病和重危的内外科疾病，也可引起流产与死产。有些初产母兔在产第一胎时高度神经质，母性差，也会造成死产。另外，内服大量泻剂、利尿剂、麻醉剂等也能引起流产与死产。

2．诊断要点

一般在流产与死产前无明显症状，或仅有精神、食欲的轻微变化，不易被觉察，常常是在笼舍内见到母兔产出的未足月胎儿或死胎时才发现。有的怀孕15～20日左右，衔草拉毛，产出未足月的胎儿。有的比预产期提前3～5日产出死胎。有时产出一部分死胎、一部分活胎。产后多数体温升高，食欲不振，精神不好，有时产后无明显症状。

3．防治措施

（1）治疗措施：如发现以上症状，应立即进行剖腹产手术。家兔剖腹产时，取仰卧或侧卧保定，在耻骨前沿腹正中线或最后肋骨后方腹部切开，术部剃毛，用75%酒精或0.1%新洁尔灭液消毒，0.5%盐酸普鲁卡因液局部浸润麻醉，切开腹壁，取出子宫，并用大纱布围绕，与腹腔隔离，切开子宫取出胎儿及胎衣，清洗消毒、缝合、还纳子宫，常规方法缝合腹膜、腹肌及皮肤。术后应用抗生素3～5日。剖腹宜早不宜迟，否则胎儿腐败，预后不良。

（2）预防措施：加强饲养管理，适时配种，防止早配和近亲繁殖。母兔分娩时应保持绝对安静。

六、阴道脱出和子宫脱出

阴道壁一部分或全部突出于阴门外，称为阴道脱出，产前产后均可发生，尤以产后多发。子宫一部分翻转形成套叠，或全部翻转脱出于阴门外，称为子宫脱出，通常发生于产后数小时内。

1．病因

本病病因分内因和外因2种。

内因：固定阴道的韧带等组织弹性降低。

外因：腹内压增高及过度努责，是发生阴道脱出的直接原因。分娩后数小时，子宫尚未完全收缩，子宫颈口仍然开张，子宫体、子宫角容易翻转脱出。难产时助产不当也可造成本病。

此外，饲养管理不当，体质瘦弱，运动不足，剧烈腹泻等也可成为本病的诱因。

2. 诊断要点

阴道不全脱时，脱出部分较小，呈球形，站立时腹压小时可自行缩回。阴道全脱时，呈红色，球柱状脱出阴门外，不能缩回。脱出物可淤血、水肿、损伤、发炎及坏死。子宫套叠时，常拱背、举尾、频频努责，做排尿姿势，有时排出少量粪尿，阴门外见不到脱出物，以手指伸入产道，可摸到套叠的子宫角。子宫全脱时，脱出物很像肠管，但其表面有许多横褶。脱出的子宫有时可将卵巢或子宫系膜扯断，造成内出血。

3. 防治措施

可参考直肠脱出。子宫套叠时，除用手指机械整复外，可向子宫内注入灭菌的生理盐水，借助于水的重力使其复位。子宫全脱出时，用手指如同翻肠一样，在兔努责间歇期，向内推压，依次内翻，直至将子宫角推入产道乃至腹腔内。复位不完全时，可向子宫内注入灭菌生理盐水与抗生素混合液。脱出的子宫无法整复或有大的损伤和坏死时，可行子宫切除术，患兔留作育肥。切除子宫时，用18号丝线在靠近阴门处做一猪蹄扣，缓慢地拉紧结扎线，在结扎线外侧2～3厘米处切掉子宫，涂以碘酒，送回阴道。整复后为防止复发，可对阴门行纽扣、双内翻或袋口缝合，松紧以不影响排尿为宜，缝合数日后，如不再努责，或临近分娩时，应及时拆线。

七、不孕症

1. 病因

母兔不孕比较常见，其原因是多方面的。母兔患有各种生殖器官疾病，如子宫炎、阴道炎、卵巢肿瘤等是造成不孕的主要原因。母兔过肥、过瘦；饲料中蛋白质缺乏或质量差，维生素E含量不足；换毛期内分泌机能紊乱，以及公兔生殖器官疾病、精液不足或品质差，也是不孕的重要原因。葡萄球菌病、李氏杆菌病、兔梅毒等也可造成不孕。

2. 防治措施

（1）及时治疗生殖器官疾病：屡配不孕者，应予淘汰。

（2）适当营养调控：避免兔过肥或过瘦，配种前5～10日适当补充维生素E。

（3）保证充足光照：每天10～12小时，短日照期可补充人工光照，但应避免长期处于高温环境。

（4）药物治疗：若因卵巢机能降低而不孕，可试用激素治疗。皮下或肌肉内注射促卵泡素（FSH），每次0.6毫克，用4毫升生理盐水溶解，每日2次，连用3日，于第四日早晨母兔发情后，再耳静脉注射2.5毫克促黄体素（LH），之后马上配种。用量一定要准，量过大反而效果不佳。

但应特别注意，若同一只种公兔所配母兔不孕者较多，应考虑公兔因素。

八、宫外孕

1. 病因

有原发性和继发性2种，前者少见，后者多见。输卵管破裂或难产等原因引起子宫破裂，均可造成宫外孕。宫外孕由于胎盘附着异常、血液供应不足，胎儿生长至一定程度即死亡。

2. 诊断要点

患兔一般精神及食欲无明显变化，但母兔拒配而不孕。腹围较大，手摸时可触感腹腔内有肿块，子宫发育正常，子宫壁未见异常。偶尔可引起内出血。胎儿外部常有一层较薄的膜或脂肪包裹着，多数已发育完全，胎头较大，呈木乃伊状。

3. 防治措施

防止母兔腹部受到撞击，妊娠检查摸胎时动作要轻柔。本病确诊后，经剖腹手术取出死胎，预后良好，但母兔应淘汰，做育肥兔用。

九、产后瘫痪

1. 病因

原因是多方面的，产前光照不足，运动不够，兔舍潮湿，饲料营养不全价，尤其是钙、磷缺乏或比例不当，受惊吓，产仔窝次过密，哺乳仔兔过多等均会引起产后瘫痪。饲料中毒，难产时助产不当，以及球虫病、梅毒病、子宫炎、肾炎等，也会引起产后瘫痪。

2. 诊断要点

本病诊断较容易，病兔轻者少食，重者不食，排便减少或不通。产仔后，轻者跛行，重者四肢特别是后肢麻痹，而不能站立。有时可伴有子宫脱出。

3. 防治措施

主要是加强饲养管理，对有治疗价值的种母兔，可行按摩、电疗、补钙等措施；采取内服油类泻剂、灌肠等对症治疗。

十、吞食仔兔癖

1. 病因

本病是一种新陈代谢缺乏或紊乱和营养缺乏的综合征。饲料中钙、磷、某些蛋白质、B族维生素等不足均可发生吞食仔兔现象。平时饮水不足，母兔产仔后口渴又无水可饮时，可发生吞食仔兔的行为并养成恶癖。分娩时受惊扰，产仔箱或仔兔有异味，死兔未及时取出，均可诱发母兔吞食仔兔。

2. 诊断要点

母兔主要表现是吞食刚生下或产后数天的仔兔，可将仔兔全部吃光，或吃一部分。有时可见仔兔被食而肢体不全。细心观察，不难诊断。

3. 预防措施

产前加强饲养管理，给足饮水，产后让母兔能立即喝到温淡盐水。产仔环境要保持安静，不打扰其分娩，避免将异味带入窝内，及时取出死仔兔。对有吞食仔兔恶癖者，产后立即将母仔兔分开，定时监视哺乳。

十一、妊娠毒血症

本病为母兔怀孕后期的一种代谢性疾病。

1. 病因

原因尚不十分清楚。目前认为该病与营养失调和运动不足有关。许多因素如品种、年龄、肥胖度、经产胎次及环境的变化，均可导致内分泌机能异常，造成营养失调而发病。此外，与生殖机能障碍如流产、死产、遗弃仔兔、吞食仔兔、胎儿异常和子宫瘤等也密切相关。

母兔肥胖，运动不足，以致氧的供应不足，糖的有氧氧化过程减弱，能量供应不足，或日粮中含蛋白质和脂肪过多而含糖不足时，机体就不得不动用体内沉积脂肪。脂肪动用过多，氧化不全的产物丙酮、β-羟丁酸、乙酰乙酸等便在体内蓄积，对机体造成严重的损害，尤以肾脏最明显。

2．诊断要点

（1）临床症状：症状轻重不一，轻者无明显临床症状，重者可迅速死亡。一般表现精神沉郁，呼吸困难，呼出气带酮味（似烂苹果味），尿量减少。死前可发生流产、共济失调、惊厥及昏迷等神经症状。

（2）病理变化：剖检可见母兔体肥，乳腺分泌旺盛，卵巢黄体增大。肝、肾、心脏苍白，脂肪变性。脑垂体变大，肾上腺及甲状腺变小、苍白。

（3）试验室检查：血液学检查，非蛋白氮显著升高，血减少，而磷显著增多，丙酮试验呈阳性。

3．防治措施

饲料中添加葡萄糖可防止酮血症的发生。

（1）治疗措施

①化药治疗：对此病目前主要是稳定病情，使之能够维持到分娩，而后得到康复。治疗的重点是保肝解毒，维护心、肾功能，提高血糖，降低血脂。发病后内服甘油，静脉注射葡萄糖液、维生素等营养物质。肌肉注射维生素 B_1、维生素 B_2 等均有一定疗效。同时应用可的松类激素药物来调节内分泌机能，促进代谢，可提高治疗效果。

②中医辨证施治：脾胃虚弱型（食欲大减），宜滋养脾胃，补养气血，固养胎儿，疏肝理气，用泰山盘石散；肝肾阴虚型（口红，便少而干，耳鼻温热，尿少而稠），要滋阴降火，疏肝理气；脾虚湿困型（四肢寒冷，便稀流涎，腹水增多），以温脾健胃，渗湿利水为主；阳黄型（见于病的初期），以清热利湿、利胆为主，辅以健脾，用龙胆泻肝汤；阴黄型（见于病的中后期），以益气血、补脾胃为主，辅以解郁利湿，用强肝汤。

（2）预防措施：在妊娠后期供给富含蛋白质和碳水化合物的饲料，不喂腐败变质饲料，避免突然更换饲料和其他的应激因素。总之，饲料中添加葡萄糖可防止酮血症的发生和发展。

十二、初生仔兔死亡

1．原因

仔兔出生后，生活环境发生了骤然改变，外界环境与母体子宫内环境差异很大，幼体调节机能尚不完善，适应力弱，抵抗力低，很容易发生死亡。在12周龄以内的死亡数可占死亡总数的1/3以上。初生仔兔死亡的原因，主要是母兔拒绝哺乳、仔兔饥饿和受冷等。

2. 诊断要点

初产母兔神经过敏或经产母兔母性差，母兔患有乳房、子宫或消化道、呼吸道等全身性疾病，瘦弱，造成母兔拒绝哺乳或乳汁不足，甚至无乳汁，从而使仔兔吃不到或吃不饱，终因饥饿而死。

在寒冷季节，兔舍和窝箱保温不好时，受冻饥饿的仔兔往往吵闹不安，全身冰凉，被毛逆立，最后呆滞，呈濒死状态。仔兔患有肠炎、肺炎等疾病时，更易死亡。

因饥饿而死的仔兔，尸体消瘦，脱水，胃内空虚或仅有少量乳块。因受冷而死的仔兔，胃内有乳块存在，尸体不脱水，肺脏充血。

3. 防治措施

（1）加强对孕期和哺乳期母兔的饲养管理，提高日粮质量，及时治疗母兔乳房炎、子宫炎等疾病。

（2）选养母性好的母兔，对于拒绝哺乳母兔所产的仔兔，立即实行人工辅助哺乳，1日1次，并使母兔逐渐适应自行哺乳。

（3）母兔产后无乳，或患乳房炎不便哺乳，以及产仔过多时，可对仔兔施行人工哺乳或调给其他哺乳母兔。人工哺乳以牛乳为基础，每500克鲜牛乳第一周加19克酪酸钙；第二周加21克；第三周加25克。配好后放于冰箱内保存，临用前在热水中温热至38～40℃，摇匀喂给。调窝混群时，日龄相差不能超过3～5日。混群前先将母兔移到别处，可用代哺母兔的尿或垫草擦拭仔兔身体，以防母兔嗅出异味而拒绝接收移入的仔兔。仔兔混群几小时后再放回母兔，并注意观察。混入的仔兔应健康，无传染病。

（4）注意兔舍、产仔箱的保温。对受冻濒死的仔兔应立即进行抢救。具体方法是：将仔兔全身浸泡在30～37℃的温水中，露出口鼻呼吸，待其蠕动，发出叫声后取出，用干软毛巾轻轻擦干，迅速放回窝箱。禁忌用嘴哈气来温暖、抢救仔兔，否则会适得其反。

附录

附录　家兔的正常生理指标

序号	项目	数值（平均）	范围
1	寿命（年）	5	最大13
2	生殖利用年限（年）	2.5	
3	呼吸频率（次/分钟）	46	36～56
4	脉搏次数（次/分钟）	205	123～304
5	体温（℃）		38.5～39.5
6	适宜温度（℃）	20	15～25
7	临界温度（℃）		5～30
8	血量（毫升/100克）	5.4	4.5～8.1
9	血红蛋白（克/100毫升）	11.9	8～15
10	红血球（百万/立方厘米）	5.4	4.5～7.0
11	白血球（千/立方厘米）	8.9	5.2～12
12	嗜中性（10^9个/升）	4.1	2.5～6.0
13	嗜酸性（10^9个/升）	0.18	0.0～0.4
14	嗜碱性（10^9个/升）	0.45	0.15～0.75
15	淋巴球（10^9个/升）	3.5	2.0～5.6
16	单核球（10^9个/升）	0.12	0.3～1.3
17	血小板（千/立方厘米）	533	170～1 120
18	血液pH值	7.35	7.21～7.57
19	饮水量（毫升/千克体重）	120	60～250
20	耗料量（克/只成年兔）	200	150～250
21	纤维素消化率（%）	71.5	65～78

参考文献

［1］万遂如.兔病防治手册.第2版.北京：金盾出版社，2001

［2］王照福，张晓卫，姚光光等.养兔和兔病防治.北京：北京出版社，1993

［3］梁全忠.兔病防治百问.太原：山西科学技术出版社，1996

［4］王福传，董希德.兽药手册.北京：中国农业出版社，2008

［5］张家口农业专科学校.养兔学.北京：农业出版社，1979

［6］程济栋.养兔全书.成都：四川科学技术出版社，1989